IF I COULD TELL YOU JUST ONE THING

在更高的地方看世界

［英］理查德·里德（Richard Reed） 著
［英］塞缪尔·克尔（Samuel Kerr） 肖像绘制
黄珏苹 郑悠然 译

中信出版集团 | 北京

图书在版编目（CIP）数据

在更高的地方看世界 /（英）理查德·里德著；（英）塞缪尔·克尔绘；黄珏苹，郑悠然译 . -- 北京：中信出版社，2019.6

书名原文：IF I COULD TELL YOU JUST ONE THING

ISBN 978-7-5217-0364-1

Ⅰ . ①在… Ⅱ . ①理… ②塞… ③黄… ④郑… Ⅲ . ①成功心理－通俗读物 Ⅳ . ① B848.4－49

中国版本图书馆 CIP 数据核字（2019）第 063835 号

在更高的地方看世界

著　　者：[英] 理查德·里德
肖像绘制：[英] 塞缪尔·克尔
译　　者：黄珏苹　郑悠然
出版发行：中信出版集团股份有限公司
　　　　（北京市朝阳区惠新东街甲 4 号富盛大厦 2 座　邮编　100029）
承 印 者：北京诚信伟业印刷有限公司

开　　本：880mm×1230mm　1/32　　印　　张：11.25　　字　　数：220 千字
版　　次：2019 年 6 月第 1 版　　印　　次：2019 年 6 月第 1 次印刷
广告经营许可证：京朝工商广字第 8087 号
京权图字：01－2019－2790
书　　号：ISBN 978-7-5217-0364-1
定　　价：59.00 元

前言

❖

小时候，爸爸常带我去山野中远足。我们在薄雾中爬上约克郡谷地（Yorkshire Dales）的平缓山峰，登上莱克兰（Lakeland）的峭壁。我们每次都会走不同的路线、爬不同的山峰，而到山顶时我总能得到一块巧克力。

我不记得他教过我什么，但我确实跟他学到了一些野外活动的规矩：关好门，不要让羊跑出来；在田野的边缘行走，避免踩踏庄稼；给上山的人让路。

我最喜欢的规矩是在石堆路标上放块石头——石堆路标是行路人堆起的一堆作为路标的石头，它的目的是帮助其他人辨认道路，而下一次迷路的徒步者有可能是你。这种方法很简单，既有利于他人，又可以保护自己。

我们自己就曾多次受益，因为当云彩遮蔽阳光时，道路会变得不清楚。即使在阳光明媚的日子里，这些石堆也可以让徒步者更加放心大胆，而更远处的石堆则暗示着有不同的道路在等待人们探索。

在生活中我也逐渐领悟到，有时候几句忠告可以发挥石堆路标的作用。当你迷失在雾霭中或被困在沼泽地里时，其他旅人的一两句指引可以把你引回正途，帮你找到最安全的路线。

至少有 3 次，一条建议曾改变了我的人生。这么多年来，我深刻地认识到应该向比我更聪明、更有经验的人学习。因此，10 年前我对自己许下一个简单的承诺：每当遇到优秀的人，我一定要向他们征求一条最佳忠告。

结果就有了这本书。

《在更高的地方看世界》涉及人类经历和情感的各个方面，从“选秀之父”西蒙·考威尔的经历到奥斯威辛集中营幸存者莉莉·艾伯特的经历，其间，你会领略到来自各种非凡人物的智慧，有总统、歌星、企业家、艺术家、名流、幸存者；有成功者，也有承受过不可思议的困苦的人；有登上人生巅峰的人，也有见证过人类最恶劣行径的人。

好建议就像营养丰富的浓汤，是用人生之骨熬制而成。享用这样的浓汤，汲取卓越人物的人生经验，不仅丰富了我的人生，而且增进了我对其他人的理解。如果选得好，几句话就可以令人醍醐灌顶，就能够传递别人历经千辛万苦而获得的洞见，因此而让我们所有人从中受益。这就是在本书中我结识每一位卓越人士的目的。

我和书中提到的每一个人都见过面，要么是在运营公司的过程中认识的，要么是我在政府、慈善机构、艺术界、媒体圈工作的时候认识的。有些人是我的朋友，有些人非常好心地同意接受我的采访，还有几个人在毫无准备的情况下遭到了我的“伏击”——我们机缘巧合地同处一个房间、参加同一个派对或会议，甚至碰巧一起上厕所。

我向他们征求最好的人生忠告，我请他们认真思考什么对他们来说最为重要。我向每个人提出相同的问题：考虑到你所有的经历，考虑到现在你所知道、认识到的一切，如果你只能给出一条忠告，那么这条忠告会是什么？让人们只提供一条真知灼见会迫使他们更认真、更深入地反思，他们的回答也会更坦诚。我听到了一些很特别的答案。这些忠告五花八门，涉及面很广，从如何取得成功到如何应对失败，从找到真爱到拥有更和谐的性爱，从充分发挥人的才能到在暴行中活下来，每个人都能从中学到一些东西。

大多数人乐意提供建议和忠告。助人为乐体现了人性中美好的部分，这样做并不需要花费什么，而且可以被无数人分享，永久流传。我希望这本书是系列丛书中的第一本，世界上有无数卓越非凡的人，这本书只能分享其中一部分人的洞见，还有无穷无尽的故事可以讲，还有无穷无尽的智慧等待我们去领悟。

我希望一段时间以后，能够创建一个全球性的建议与忠告社区，即共享的智慧库，每个人都可以贡献智慧，也可以从中获取智慧。毕竟，作为人类，我们的相似之处多于差异。虽然每个人的人生道路各不相同，但我们都可以从更有经验的行路者那里获得建议和忠告，并从中受益。他们会给我们描绘前方的胜景，引导我们从安全的地方过河。

理查德・里德

目录
❖

比尔·克林顿（Bill Clinton）

律师、政治家、美国民主党成员、联合国海地事务特使、克林顿基金会主席、第42任美国总统。

我认为最重要的事情之一是关注别人，关注给你开门的人、给你倒咖啡的人。感谢他们，表达对他们的尊重。

——比尔·克林顿

和克林顿总统在“气泡”里

克林顿总统的工作人员把跟随他出访称为在“气泡”里。你登上总统专机，坐在武装护卫车队的车里，和他一起坐在桌前。你没有怎么移动，而是在滑行。没有入境检验、没有登记入住、没有结账离开——一切都在幕后完成。总统先生去哪儿你去哪儿，总统先生什么时候去你就什么时候去。

我有幸跟随克林顿基金会乘坐“气泡”出访非洲。日程安排得非常折磨人：8 天走访 8 个非洲国家。而且每天的日程都一样：醒来时到了一个新的国家，坐进车队的吉普车里，在尘土飞扬、坑坑洼洼的路上行驶几个小时，前往不知什么地方，访问一个项目，比如艾滋病检测诊所、疟疾治疗机构、女性赋能小组，然后返回吉普车，赶去下一个项目，一天至少重复 4 次。

每一次访问时，总统都展现出一股不可阻挡的力量：他精神抖擞地从吉普车上走下来，拥抱当地社区的护士，和高官显贵们交谈，与当地部落的表演者一起跳舞，摆好姿势拍照，做演讲，颁发奖章，停下来和当地人聊几句，和孩子们玩耍，留心队伍后面沉默的人，针对他们提出一个观点，然后拥抱他们，设法让他们笑一笑。每次活动都是如此，尽管热浪逼人，周围尘土飞扬。总统每天都精神饱满，连续 8 天。我从来没有见过这样的架势，我想也没人见过。

在两次访问之间的非常宝贵的短暂时间里，我向他征求人生忠告，他想了一会儿，接下来的回答解释了我们所看到的情景：

> 我认为最重要的事情之一是关注别人，关注给你开门的人、给你倒咖啡的人。感谢他们，表达对他们的尊重。南非祖鲁人传统的问候语是“Sawubona”，意思是“我看到了你”。我在努力这样做。

从来没有谁像克林顿总统这样，不仅躬行己说，而且做的比说的更多。

在外面忙了 12 个小时后，大家满身灰尘，疲惫不堪。我等凡夫俗子只想回到自己的房间，打电话叫送餐服务，躲着不出来了。不可思议的是，克林顿总统下楼来到餐厅，和服务生交谈，和其他客人开玩笑，祝福一对正在度蜜月的美国夫妻，还接受一家人的邀请，坐过去和那家的爸爸、妈妈、两个瞪大眼睛的孩子一起用餐。他知道遇见美国总统，更具体地来说就是遇见他，对人们意味着什么。他让每个人都感到自己受欢迎，感到自己很重要，并且备受关注。

玛莉娜·阿布拉莫维奇（Marina Abramović）

当代行为艺术家、人体艺术家、导演、编剧、演员，创作风格狂野自由，被称为“行为艺术之母”。

你必须踏上未知之旅，探索无人到过的地方，因为文明就是这样发展的。百分之百已经不够了，百分之一百五才够好。

——玛莉娜·阿布拉莫维奇

活在当下的玛莉娜·阿布拉莫维奇

我在纽约市中心搜寻汤面，具体来说就是放了虾的鸡汤面，只是现在我有点拿不准，她说的是不是不放虾的鸡汤面？我约了玛莉娜·阿布拉莫维奇在午餐时见面。玛莉娜是一位出生在塞尔维亚的国际知名表演艺术家。一个月前，我答应给她带她最喜欢的汤面，可我记不清是哪种汤面了。

为了避免失礼，我买了两种汤面。因此当我来到玛莉娜工作的格林威治工作室时，第一件事就是决定谁吃哪种汤面。她坚持不理会个人偏好，而用抛硬币的方式做决定。

我担心因为没有吃到自己最喜欢的汤面会让她有点不高兴，而这种担心不仅体现了我不可救药的英式性格，还说明我忽视了一个事实：那就是在公开场合，为了艺术，她赤裸的身体曾多次被鞭打、割伤、烫伤，所以她可能不是那种会为汤面操心的人。

事实上，她不符合任何类型。她很独特，可以做到既真诚又顽皮（她喜欢讲塞尔维亚的黄段子），既无拘无束又守纪律，既鲁莽又充满爱心，她是我见过的最有趣、最有活力的人。

这些年来，她的行为艺术表演曾让她失去意识、留下伤疤、鲜血飞溅，甚至危及生命。在她的早期作品之一《节奏 0》（*Rhythm 0*）中，她麻醉了自己，站在密闭的空间，参观者可以对她使用他们认为合适的任何道具，总共有 72 种，包括剪刀、羽毛、手术刀、蜂蜜、鞭子等。最后她被扒光，颈部被刀片割破，荆棘扎入她的腹部，甚至有人用一把枪顶着她的头。

现在，她已经 70 岁了，变得比以前更受欢迎。2010 年纽约现代艺术博物馆（MOMA）举办了她的作品回顾展——“艺术家在现场”（The Artist Is Present），展览大幅提升了她在国际上的声誉。作为展览的一部分，她一动不动、一言不发地在椅子上坐了 700 个小时，在此期间数千名观众排队轮流坐在她的对面，有的人甚至排了一个通宵。玛莉娜和每个坐在对面的人进行眼神交流，完全沉浸在那时那地，如果观众哭了，她也会哭泣。

她解释说这个作品的主题是活在当下，获得意识。她认为培养内在意识是摆脱人为的社会结构的最佳方法，这样我们就不会觉得失去了力量或无助。“很多人觉得世界正在四分五裂，这种感觉让人绝望。对社会来说，真正的危险是不作为，是惰性。人们必须意识到我们可以通过改变自己来创造改变。”

只有当我们停止思考，达到内心空灵的状态时，意识才会得到强化，才能接受玛莉娜所说的“流动的知识，即普适的，属于每一个人的知识”。她近期创作的作品的使命就是帮助人们达到这种状态，比如她邀请观众数大米粒或水滴，反复打开同一扇门，“用让人分心的事情来阻止分心，重新发现当下，这样人们就能重新发现自己”。

考虑到她作品的独创性和绝不妥协的性质，考虑到她所承担的风险和做出的牺牲，我们不会对她所提出的忠告感到吃惊，她号召人们全身心投入自己认为必须要做的事情中。

> 如今百分之百已经不够了。百分之百地付出，然后超越你的能力所及。你必须踏上未知之旅，探索无人到过的地方，因为文明就是这样发展的。百分之百已经不够了，百分之一百五才够好。

这条忠告令人敬佩，但我对她说，大多数人不想像她一样为了自己热爱的事情而受到伤害，承受痛苦，对此她也提出了建议。“是的，痛苦是可怕的，”她答道，“但如果你对自己说‘那又怎样？这么痛苦，你能做什么？’如果你接受痛苦，不再害怕它，你将穿过那道门，进入没有痛苦的状态。”

我选择接受这条忠告，而不是去检验它。

特里·韦特 （Terry Waite）

作家和慈善家，曾是英国坎特伯雷大主教的国际特使，在1987年被黎巴嫩真主党俘虏并做了5年人质。

你所要做的就是活好每一天。你必须认识到现在就是生活，此时此刻，不是明天，不是昨天，就是现在。所以你必须过得尽可能充实，珍惜每一天。

——特里·韦特

特里·韦特，一个很有耐心的人

刚刚，我听到一句人类说过的最轻描淡写的话。我正和特里·韦特在贝里圣埃德蒙兹（Bury St Edmunds）的天主教小镇一起吃午饭。他给我讲述了自己 20 世纪 80 年代末在黎巴嫩做了 5 年人质的经历。当时他作为英国国教的使者前往黎巴嫩，为释放囚犯进行谈判。在 4 年中他被单独关在一个没有窗户的小牢房里，被用链子拴在墙上，被殴打，被假装执行死刑。当守卫进入牢房时，他必须戴上眼罩，所以他 4 年没有看到过人脸。他们不给他笔、纸和书，不允许他和外界有任何通信，包括他的家人。他回想着这一切并说道："是啊，是有点与世隔绝。"

特里·韦特体现了人类的谦卑、服务和牺牲精神。为了帮助他人，他不惜让自己受到伤害。25 年后，他依然在不知疲倦地帮助那些家人被劫为人质的人们。

最疯狂的是他宣称这样做主要是为了他自己。我对他说，我知道任何慈善行为都不是完全无私的，但他的说法有点过分了。他坚持说他的事业是实现和解，沿着这条道路他也实现了自我不同方面的和解。

他还指出，很多人承受的苦难比他多得多。一些人因为疾病或事故失去了行动能力，他们被囚禁在自己的身体里。他非常清楚很多人质没能重返家园。

特里的言行都在倡导共情的深刻重要性：这是他根本的人生信条。他曾和一位英国母亲会面，她的儿子在伊拉克被恐怖分子斩首，她悲痛欲绝，但她说她知道她的痛苦和在战争或叛乱中失去儿子的伊拉克母亲的痛苦没什么不同。“她用朴实的言语、非凡的勇气道出了我们永远都不应该忘记的事实：我们都是人类大家庭的一员。我们都有恐惧、希望和渴望。我们都有脆弱的时候，所以不要轻易给其他人扣上负面的刻板印象。”

在意识到自己被扣押为人质时，特里给自己定了 3 条准则，而正是共情使他能够始终坚持这 3 条准则。他还坚持着非暴力的原则——一天，这条原则受到了极端的考验，当时他发现了看守不小心落在厕所的枪（特里说“我想你忘了什么东西”，然后把枪还给了他）。

那么一个人是如何应对彻头彻尾的不公正和 4 年与世隔绝的监禁的呢？“我尽我所能地安排好每一天。我会抽出一段时间锻炼身体，然后在头脑中进行一两个小时的写作，接下来做心算。我还会用很多时间凭空创作诗歌。然后又到了锻炼身体的时间，诸如此类。”

我对他说，把这些孤独的时刻填满看起来几乎是不可能的事情。特里又说了一句堪称世界级典范的轻描淡写之语：“你知道，如果他们给我一些书，情况就不算很糟糕了。”

他说这种严酷的考验具有令人意想不到的益处。它给予特里放弃有偿工作的信心，开始过一种更加自由的生活。因此他非常想分享的智慧是，生活中的每个灾难或每个表面上的灾难通常会好转，从中会发生一些富有创造力的事情。“并不是说这样的情况不是磨难、不是艰辛，但它不一定完全是消极的，只具有破坏性。关键在于你应对它的方式以及过后如何生活。”

那么对于如何生活，他认为最有价值的忠告是什么？

> 它就是我在牢房里获得的领悟。你所要做的就是活好每一天。你必须认识到现在就是生活，此时此刻，不是明天，不是昨天，就是现在。所以你必须过得尽可能充实，珍惜每一天。

在和特里聊完之后，我将这样生活。

乔安娜·拉姆利（Joanna Lumley）

演员、导演、制片人，曾获得第53届英国电影和电视艺术学院奖特别奖。

亲爱的，秘密就在于爱你遇到的每一个人。从你遇到他们的那一刻起，假定每个人都是良善的。

——乔安娜·拉姆利

决绝的拉姆利

我在参加一个颁奖庆祝会，“座位表之神”太眷顾我了，坐在我旁边的正是英国最受欢迎的女演员乔安娜·拉姆利。她也是全英国最富成效的活动家。正如人们所预料，她热情、包容一切、令人着迷，但伴随着这些柔性魅力的是鼓舞人心的强硬原则：公民责任感、正义感以及做正确的事情的决心。她既有热情的心，也有钢铁般的意志，这就是为什么虽然她在影视方面的成就很值得骄傲，但在银幕之外的贡献更加令人钦佩。

以伦敦泰晤士河上的园桥（Garden Bridge）为例。建桥的想法很快变成了现实，为这座城市又增添了一处绝美景观。伦敦的每一个人都知道它，都喜欢它，就像对乔安娜·拉姆利的喜爱一样。但鲜为人知的是，修建这座桥完全是她的主意，是她形成构想，然后激励人们去实现。一开始有些人告诉她这是不可能的事情，但她改变了他们的态度。

让我们再来看一看尼泊尔廓尔喀族老兵问题（Nepalese Gurkha veterans，1997 年他们在英国军队服役）。在为英国浴血奋战后，他们曾被认定没有权利在这个国家定居——这是一个道德沦丧的决定，应该予以坚决反对。这虽是一场不合潮流的硬仗，但乔安娜·拉姆利义无反顾，用她的魅力、名声、信念和顽强的韧性赢得了胜利，为老兵们夺回了权利。

总之，她是一个非凡的女人。

我在颁奖庆祝会上发表了一个简短的演讲，我告诉听众，我坐在乔安娜·拉姆利旁边，听众立即爆发出热烈的掌声：每个人都喜爱她。

同时我也得到了她分享的忠告。

亲爱的，秘密就在于爱你遇到的每一个人。从你遇到他们的那一刻起，假定每个人都是良善的。你的出发点应该是他们是可爱的，你会爱他们。大多数人会对此做出回应，招人喜欢，并且反过来爱你。这成为一个自我实现的预言，你由此可以完成非常绝妙的事情。

然后她倾身过来，在我耳边低语。

但是要把让你失望的混蛋刨除掉。

就像我刚才说的，这个女人既有热情的心，也有钢铁般的意志。

斯蒂芬·弗雷（Stephen Fry）

英国演员、作家和电视节目主持人。

拼命工作。

——斯蒂芬·弗雷

雄辩的弗雷先生

上一次我和斯蒂芬·弗雷交流时，他是个机器人。他通过连着半机械人的 iPad 参加一个技术会议，他在床上用操纵杆和摄像机远程进行控制。这次在伦敦舒适的会员俱乐部里，我们边喝着骨瓷茶杯里的下午茶边聊天。与他的两次交流体现了这个有趣的人的两个方面：一方面，他承认自己是个技术极客，对新鲜的小发明充满了兴趣；另一方面，他是位优雅的英国绅士，热爱古典传统和文化。

你可能已经想到了，与真人的见面比和虚拟人的见面更丰富、更有意义。你可以亲身感受到他的热情和周到，交谈中他讲述的故事和他承认的一些事情能够很好地相互印证。而且，他很随和。

他谦虚地说他对于提供建议和忠告这样的事情很谨慎，不过他乐意分享他的一些想法。我以为会听到一些关于文学或灵性的建议，但令人吃惊的是，他首先抨击了人生导师。“我想分享的一条忠告是不要参加任何人生导师课程，它们都是一堆废话，无一例外，说些再明显不过的道理。”

必须承认，我没想到他会分享这个建议。

我问为什么，他进一步展开。一个原因是："他们过分沉迷于设定目标。如果我达成了目标，那接下来怎么办？就这样了，难道我的人生结束了？我实现了目标，那么我要不要设定另一个目标？如果设定了第二个目标，那么第一个目标有什么意义？如果没有达成第一个目标，那我是个失败者吗？"

在他说话的时候，我悄悄地把笔记本翻了一页，上面列着我当天的目标。

斯蒂芬没有人生导师，但他有诺埃尔·科沃德（Noël Coward）[1]。他把科沃德的一句话贴在办公桌的上方，作为他的人生指引：工作比娱乐更有趣。"如果你的工作达到了这种状态，你的人生会很精彩。我知道我很幸运，实现了让工作比娱乐更有趣，而很多人非常不幸，没有达到这种状态。人们会谈到工作和生活的平衡，但对它们进行权衡的想法毫无意义。我的工作和我的生活不是对立的，工作就是我的生活。"

当然，只是热爱你的工作还不够，如果你想取得成功，你还必须要有努力工作的心理准备。"我认识的每一个成功者工作都非常非常努力。也许我的建议应该是：拼命工作。"

不过斯蒂芬最强烈的建议是不要以为工作对别人来说会比较容易。

> 看到成功者时千万不要想"那个人有钱，那个人长得好，那个人擅长板球……所以这件事对他们来说比较容易"，这种想法

---

① 诺埃尔·科沃德，英国演员、剧作家、流行音乐作曲家。——编者注

十有八九是错的。即使是对的，这样的想法也很具有自我破坏性。它只会导致愤愤不平，这种情绪具有腐蚀性，会破坏除它之外的一切。

斯蒂芬认为更好的做法是站在他们的立场上想一想，想象他们的生活会是什么样。

这是艺术的秘密，也是生活的秘密：花越多时间想象别人的生活是怎样的，你对别人就越能感同身受，了解你自己、做你自己就会越容易。

这是我们能够达到的最佳境界。

艾丝特·佩雷尔 （Esther Perel）

人际关系专家、情感理疗师、作家、演讲家。

生活的品质最终取决于人际关系的品质。它不取决于你的成就、才智和财富，而取决于你的人际关系的品质，从根本上反映了你的良知、感恩和慷慨大度。

——艾丝特·佩雷尔

艾丝特·佩雷尔的性爱智慧

这个场面太震撼了：我在参加一个国际技术会议，有数千名前沿的互联网公司的创始人参会，但每个人都想听艾丝特·佩雷尔的演讲，她是现代最著名的关系治疗师，也是一流的性爱咨询师。

艾丝特已经做好了演讲的准备，但组织方不让她讲。我们在大礼堂里，有500多人坐在那里。一些公司的创始人坐在台阶上，站在大礼堂的后面，或者挤在门口。但是消防条例不允许容纳这么多人，所以组织方广播说：除非多出来的500人离开，否则不会允许艾丝特开始演讲。但是没人想错过这个机会，双方僵持着。只有当艾丝特承诺过后会给不能留下来的人补一场同样的演讲时，问题才得以解决。事实上，整个周末艾丝特应要求做了四场演讲，而优步（Uber）的创始人只做了一场。

后来我在纽约见到了艾丝特，纽约是她现在的家。我问她，为什么那么多人非常渴望了解她在性和关系方面的建议。她说："我们的生活方式变得数字化，一个时代被永远地点击掉了。在这样的环境中，感官体验被剥夺。由此产生了矫正的需求，需要人与人的交往，需要面对面的关系，但数字世界常常会使我们纠结于真人的不完美。”

沉浸在网络世界中的人在应对真实生活上有时需要一些帮助，她并没有批评或谴责这种情况，而是感到担忧。“数字方式可以实现即时的联系，这很棒，但我们用手指在上面来回滑动的相亲 App（手机应用软件）会把人变成类似一次性商品，这种商品化不仅让人很受伤，而且有辱人格。”

最初让艾丝特获得国际赞誉的是她的书《围城内的欢爱》（*Mating in Captivity*），这本书探讨了“性爱智慧”和如何在婚姻中保持活跃的性生活。艾丝特揭开了隐藏在婚姻中的冲突：我们既渴望自由，又渴望安全感。我们既需要可预测的爱情，又渴望新奇的欲望。这本书提供了一些坦率的解决方法，被赞为挽救了无数婚姻。

除了她的作品的内容之外，最吸引人的是艾丝特一开始为什么会研究人和关系。“我对人、对人性、对人们的生活方式感兴趣，无论他们的生活是否有意义。这种兴趣可以追溯到我的父母，他们是大屠杀幸存者。他们在集中营里待了 4 年多，出来时一无所有。他们只有他们自己、他们的良知和他们的关系，那是真正能持久的东西。我爸爸说那是最重要的东西。”

艾丝特的忠告和她父亲的至理名言很相似，它是我听过的最深刻、最有益的忠告之一。

生活的品质最终取决于人际关系的品质。它不取决于你的成

就、才智和财富，而取决于你的人际关系的品质，从根本上反映了你的良知、感恩和慷慨大度。在生命结束时，人们会说你是一个多好的人啊。他们在谈论你的为人时，完全不会考虑到你有一大笔存款，而会谈论你如何对待周围的人，你带给他们什么感受。

赫斯顿·布鲁曼索 （Heston Blumenthal）

英式风味烹饪奇才，最早实践神经烹饪法和多感官餐厅的世界名厨之一。

质疑一切……如果不质疑，就不会有知识，不会有学习，不会有创造，不会有选择的自由和想象。

——赫斯顿·布鲁曼索

赫斯顿·布鲁曼索的秘密

情况不妙！我和赫斯顿·布鲁曼索的比分是 1 比 10。赫斯顿·布鲁曼索不仅是米其林三星厨师，拥有世界上最好的餐厅（由世界上最好的厨师投票选出来的），而且还是乒乓球高手。我必须为自己辩解一下，在开始比赛前，他给我喝了一杯颜色诡异的鸡尾酒，还承认每周上 3 次乒乓球课。很快我就把脸丢光了：最后一球毫无悬念，又是他赢了。我坐在长椅上休息，又喝了一杯鸡尾酒，聊以自慰。

对于英国中产阶级来说，去赫斯顿家见他和拜访亨特·斯托克顿·汤普森（Hunter S. Thompson，美国传奇作家）差不多：喝酒、抽雪茄、深聊。虽然没有开枪，但他有乒乓球发球机，一分钟能发出 100 个球。我们把机器打开，乒乓球像冰雹一样砸在每一面墙上，落在地下室的地上。这间地下室被他用来专门打乒乓球。

我认识赫斯顿有一段时间了。他的大脑就像乒乓球发球机，能在一分钟抛出 100 个点子。他比我认识的任何人都具有更旺盛的好奇心、创造力和学习欲望。我们第一次见面是在公司会议上，我看到他让 300 个人捏着鼻子吃苹果，证明味道来自我们的嗅觉，而不是味觉。可以说感官体验就是他的生命。为了证明这一点，他让我们来到他的厨房，教我可以享受到不同味道的抽雪茄方法。其中一种方法是反复把点燃的雪茄从嘴里抽出来，并且发出“schmack”的声音，诀窍是“不要让烟通过牙齿，让它进入你的嘴里”。

在赫斯顿的生活中，食物不只发挥着核心作用，在他看来，食物能够解释所有的人类生活，不仅影响着我们做什么和我们是谁，还影响着我们是什么。“吃以及与吃有关的事情推动了我们的进化……发现了火之后，我们不再只吃生淀粉，消化道靠下的部分开始缩短，脖子和咽喉变长，一段时间后，这使我们可以发出声音。沟通能力意味着我们能够开始传播观点，逐渐形成想象，从那时候开始，一切都成为可能。”

把食物和想象联系起来是他的“招牌菜”。他把很多新颖的观点带入厨房，这一点没人能和他比。当他的肥鸭餐厅（The Fat Duck）推出了螃蟹口味的冰激凌时，烹饪界开始注意他。如今在他创造的梦幻食物世界中，这道菜看起来很普遍，因为梦幻食物世界里有可以吃的酒吧、可以听的食物、飘在半空中的巧克力。

他说在一次午餐中，他对食物世界的兴趣从0一下子上升到了100。在他十几岁的时候，他的爸爸获得一笔奖金，为了庆祝，爸爸带全家人去了法国的米其林三星餐厅。那简直是一场感官盛宴，不仅有食物和味道，还有餐厅花园里薰衣草的气味、亚麻桌布的手感、脚下碎石子嘎吱嘎吱的声音、蟋蟀的叫声和玻璃杯碰撞时的叮当声。“我就好像从兔子洞进入了仙境，一些事情令我着迷，那时我就知道我想成为一名厨师。”

研究冰激凌激发了他的想象力和好奇心。他发现了一个1870年的制作巴马臣冰激凌的食谱。“我想，‘这太怪异了！’然后我开始问自己，这为什么怪异，谁说冰激凌一定要是甜的？一旦开始质疑这一点，我便开始质疑一切。我发现了这个思路并不断推进。”

这意味着大多数厨师从其他餐厅和菜谱中寻找灵感，而赫斯顿会探索生物学、化学、历史和地理等领域。他的合作对象包括长寿饮食法、心理学和分子生物学方面的教授。有一个例子可以很好地说明他探索的精深。2016年英国皇家化学学会（Royal Society of Chemists）发布了一个名单，名单上列出了175位在全球最有影响力的科学家与化学家，包括在世的和已故的。爱因斯坦在这个名单上，赫斯顿也在。

他领我去看他设计的盾形纹章，他给纹章装了框，挂在厨房的墙上。他说他花了7年时间来设计这个纹章，想要表现出他的每一个构想。纹章上的一根薰衣草代表了第一次去米其林三星餐厅以及当时的气味，一双手代表了他高超的厨艺，都铎玫瑰代表了烹饪的历史性，放大镜代表了研究与探索的重要性，苹果代表了牛顿的发现以及非线性思维。最引人注目的是他的座右铭，只有四个字，用斜体字雕刻而成，体现了他的方法、创造力和他认为最好的人生忠告。

> 质疑一切。

他进一步解释说：

质疑一切的反面是毫不质疑。如果不质疑，就不会有知识，不会有学习，不会有创造，不会有选择的自由和想象。所以我常常问为什么，为什么不。我不断地提问题、提问题、提问题，然后倾听。这就是我发现新事物的方法。

最后他用一个问题进行了总结，那是我最害怕的问题："再来一局乒乓球怎么样？"

安妮·蓝妮克丝 （Annie Lennox）

20世纪80年代红遍欧美乐坛的舞韵合唱团女主唱，格莱美奖得主，曾被 VH1音乐频道评为“乐坛一百位最伟大女性”。

在人生中会有“啊哈”的顿悟时刻，此时好像亮起了一盏灯。如果你找到了那盏灯——承认它。和其他人分享你的激情，培育它，找到人生更深远的目标。

——安妮·蓝妮克丝

安妮·蓝妮克丝的两种声音

安妮·蓝妮克丝有两种声音。第一种声音使她售出了 8 000 多万张唱片，赢得 5 次格莱美奖，1 次奥斯卡金像奖，没有哪位女性音乐人赢得的全英音乐奖（Brit Award）比她更多。她把第二种声音投入了女性权利和非洲的艾滋病问题，如今这种声音登上了社会活动舞台的中心。

安妮还记得她的歌声从艺术转向社会活动的那个时刻。当时她在南非参加纳尔逊·曼德拉的艾滋病基金会 46664 的启动音乐会，而南非是世界上艾滋病感染人数最多的国家。在曼德拉的描述中，艾滋病是“一种静默的种族灭绝，它有着女人的面孔”。他解释说，在南非，每 3 个孕妇中就有 1 个艾滋病病毒检测呈阳性，而艾滋病病毒是导致全球生育年龄女性死亡的首要原因。之后，在访问乡镇医院、诊所、强奸危机中心、孤儿院和住家的过程中，她亲眼看到了艾滋病的影响。对安妮来说，那是沉重的顿悟。从那之后，她的生活开始以应对这个不幸为中心。

按照南非大主教德斯蒙德·图图（Desmond Tutu）的说法，安妮十多年不懈的努力“为改变南非艾滋病的状况做出了巨大的贡献”。2007 年她创立了名为“SING”的运动，目的是提升全球的意识，促进行动，帮助艾滋病病毒检测呈阳性的女性和儿童获得他们需要的治疗和照顾。安妮在世界各地的会议、集会和政府大楼中进行募捐表演，演讲，接受电视台、电台和纸媒的采访，不放过任何向当权者陈述事实的机会。她还是女人圈（The Circle）的创始人，这个组织的宗旨是激励和团结女性，帮助她们运用自己的能力、创造力和影响力，改变全世界被剥夺了应有权利的女孩和女人所面临的困境和不公正。

撒哈拉以南尘土飞扬的非洲平原与安妮的成长环境相去甚远，她是在亚伯丁工人阶级的出租公寓里长大的。她的父母虽然不富裕，但爱好音乐。在校期间她研习了钢琴和长笛，这使她 17 岁就进入了伦敦的英国皇家音乐学院（Royal Academy of Music）。“这成为我进入音乐领域的‘护照’。”

然而，接下来的几年很艰难。“我没什么钱，也不认识任何人。我住过各种各样的出租房，为了维持生活做过各种工作。尽管看起来机会渺茫，但我也不愿意返回苏格兰，让人觉得我好像已经失败了。”

在这个过程中唯一不变的就是唱歌。“在街上走着时我会唱歌，洗澡时我会唱歌，随时随地地独自唱歌。到皇家音乐学院 3 年的学习快结束时，我知道我想成为歌手或作曲人，于是我开始用维多利亚时期的一台旧风琴创作歌曲。我从 12 岁就开始写诗，可以写的东西很多。”

成功的要素除了勤奋、练习和热爱之外，还有好运。这要感谢肯顿市场（Camden Market），安妮在那里卖二手衣服，和朋友共享一个摊位。就是在那里她认识了一个销售唱片的人，他对安妮说："你应该见一见我的同事戴夫。"据安妮说，从一开始她和戴夫·斯图尔特（Dave Stewart）就合作组建了舞韵合唱团（Eurythmics），几年后他们的唱片成为大西洋两岸最畅销的唱片。

她的人生故事就是一个女人追随自己的热情的故事，无论这些热情会把她带到哪儿，从亚伯丁的出租公寓到非洲的乡镇，再到获得美国的格莱美奖。她的建议非常符合这个故事。

> 在人生中会有"啊哈"的顿悟时刻，此时好像亮起了一盏灯，你对自己说"我一定要做那件事"，无论那是什么。不是因为有人告诉你应该那样做，而是因为你感到了强烈的驱动力，如果你不做，世界好像会有什么不对。如果你找到了那盏灯——承认它。和其他人分享你的激情，培育它，找到人生更深远的目标。

这是一条值得倾听的好建议。

西蒙·考威尔（Simon Cowell）

音乐顾问、现代流行音乐的开创者，同时也是电视制片人，曾在著名的电视选秀节目中担任评审，并为此在英国和美国享有超高人气。

如果你通过了，请闭嘴。有时候我说了“可以”，而艺人会开始说“我就知道我们会一起做些不可思议的事情”。他们说得越多，我越会想“我真的对你没兴趣了”。

——西蒙·考威尔

和西蒙·考威尔一起度假

我懒懒地坐在伦敦帕拉丁剧院的座椅里，看着舞台上 4 个穿着光鲜亮丽的人争论着。他们的上方悬挂着一面巨大的英国国旗，光从国旗背后打来，“英国达人”这几个字熠熠生辉。国旗下方坐着一个男人，他就是“英国达人”的最好明证：西蒙·考威尔。

评委们争论完之后，一天的录影就结束了。我被带到后台会见西蒙·考威尔。他坐在房间中央，被一群穿着黑衣服，并且忙乱喧嚣的助理、摄影师和制作人包围着：在他自己制造的媒体风暴的中心，是他那双平静如水的眼睛。

我知道他是出了名儿的开门见山，没有废话。我还从他的媒体总监那儿知道，他一天工作 20 个小时，此时已经工作了 12 个小时。所以我有点担心，以为我们的谈话会很简短。但接下来的事情正相反，我们交谈了 1 个小时，而且我彻底地、无可救药地爱上了西蒙·考威尔。对于像我这样一个 43 岁的异性恋男人来说，这真令人尴尬。

西蒙让我舒服地坐好，然后递给我一杯自制的新鲜姜茶，只是姜茶太辛辣了，我开始咳嗽，眼泪不由自主地流下来。西蒙很关切地问我是否还好。他很高兴看到我恢复了常态，花了大概 10 分钟时间询问我的状况、工作和人生经历。他语气柔和，不会咄咄逼人，并且会很认真地倾听。光是了解我的时间就超出了一开始预计的谈话总时间。

最后我们把话题从我转向了他。他的举止热情、友善、充满了魅力，他的声音令人平静，我彻底放松了。一种令人愉快的感觉涌遍全身，就像在阳光明媚的假日里。他经常直呼我的名字，有时还会称赞我，让我觉得他喜欢我。我开始寻思我们或许会成为好朋友，甚至会一起度假。

我禁不住浮想联翩，这很可笑。我是个成年人，却表现得像个少年，我需要集中注意力。我把男人间的欣赏和白日梦赶走，重新注意聆听他在说什么。他说的话当然很值得一听：丰富的实用智慧、洞见、逸事和故事。我说他的团队特别敬业、特别专业，这让我印象很深刻，他解释了他如何学会发掘出人最好的才能。“嗯，理查德，我爸爸告诉我，每个人的头上都有一个看不见的标记，它会让我觉得他们很重要。记住这一点，你会一帆风顺。”

他非常谦虚坦诚地告诉我他的想法从何而来，这使他显得更加有魅力，也使我更加喜欢他。“理查德，有一天我在厨房里一边做晚餐，一边看着无聊的节目，我对自己说，‘我宁可看狗跳舞’。几秒钟后我想，‘我真的宁可看狗跳舞，也不想看这个节目’。这样就有了《英国达人》的想法。”

我看到他的助理在一旁徘徊，但我不想结束这段如沐春风的时光，于是我拖延时间，不断提出问题。他在音乐界具有举足轻重的地位，那么他对雄心勃勃的艺术家有什么建议呢？“最重要的是，你要找到一首好歌，参加一些小型的特约演出，看看观众的反应，找到观众喜欢的东西。”如何应对不可避免的拒绝呢?“倾听反馈，你从中会有所收获。但是如果拒绝你的人比你愚蠢，那么不要气馁。”

如果某人发现听自己试音的人是西蒙·考威尔，那该怎么做?“如果你通过了，请闭嘴。有时候我说了‘可以’，而艺人会开始说‘我就知道我们会一起做些不可思议的事情’。他们说得越多，我越会想‘我真的对你没兴趣了’。比较好的做法是说‘好的，给我的律师打电话’，然后离开。这种自信会让我很快联系他们的律师的。”

如果可以，我想聊一晚上，但我难过地意识到任何假期都会结束。“英国达人秀”的模式已经被推广到了180多个国家，晚上西蒙还有很多事情要做，要回答很多问题，看很多试演，要让很多人觉得自己是重要的。

于是最后我让他说一说他认为最重要的建议是什么。

> 我的建议是倾听，不要说话。在学校时我不是一个聪明孩子，但我非常擅长倾听，现在依然是这样。正因为这个原因，我现在比较成功。见到别人时，我会好奇他们的故事，想知道他们如何做出了他们所做的事情。在这个过程中你会认识一些比你聪明的人，他们会教给你一些你不知道的事情。所以我倾听，吸收珍闻、洞见，然后走我的路……

最后这席话使我对他的仰慕犹如滔滔江水。之后他忠诚的团队像大风一样把他卷走了，我和才华横溢的考威尔先生的浪漫假期就这样结束了。

沙米·查克拉巴提（Shami Chakrabarti）

曾任英国民权运动组织“自由会”主席。

只要记住你的人权与我的人权是一样的，哪怕我们看起来不一样，只要我们彼此支持，我们便都会受益，都会变得更强大。最终我们会成为彼此的保障。

——沙米·查克拉巴提

沙米·查克拉巴提：让我们团结起来

我在和《太阳报》（*The Sun*）所说的“英国最危险的女人”一起喝咖啡。在“9·11”事件之后，因为沙米·查克拉巴提捍卫公民自由的言行，或如《太阳报》所说，其对恐怖分子和罪犯表示友善的高调举动，这位自由会（Liberty）前负责人就获得了这个著名的头衔。

沙米很乐意接受这个头衔。“这就像一种荣誉，比女王颁发的司令勋章还好。”造化弄人，几年后她为一位记者提供了帮助——这位记者被电台解雇，因为他把禁止吸烟者收养孩子的保守党议员说成是“纳粹”。他的辩护理由是英国的《人权法案》保障公民的言论自由，而以前他曾肆意地攻击过这个法案。但是作为人权的保护者，沙米依然给予他支持，这体现了沙米非常了解的一种冲突。“我们都希望自己拥有人权，但在别人的人权上会出现问题。”

对沙米来说不幸的是，被冠以“危险”的头衔只是工作中最微不足道的事情，种族主义、歧视女性、人身诽谤及管辖区问题已经让她分身乏术。但是她从未抱怨：“在其他地方，人权活动家会受到人身攻击，甚至更糟，而我只需要应对攻击者在报纸或社交媒体上说的难听话。”

她如此遭人憎恨的原因一部分在于她工作时所处的背景。沙米在自由会的任职受到了“9·11”事件和世界对恐怖袭击的反应的影响。“9月10日我开始在自由会工作。在上任的第一天，我被告知要天马行空地构想出我们的重点工作。而第二天就发生了‘9·11’事件，再也不能天马行空了。”在世界突然想忽视人权的基本原则时，她的职责要求她公开捍卫这些原则。“英国的做法很糟糕，不仅伤害了人权，而且不利于我们自身的安全，诸如非常规引渡，不经审判的无限期拘留。我不得不说一些没人愿意说的话，很多人也不想听这些话。”政治集团与第四阶级（Establishment and the Fourth Estate）的成员对此报以嘲笑。

她从未退缩，无论她从事的活动使她多么不受欢迎。她乐于战斗，与政府进行较量，提出新的法案，对政府系统问责。我问她为什么能如此顽强地面对强大的反对势力，坚决抵抗当权者。沙米将她的坚韧归因于几件事，但都与她的父母有关。“我是移民的女儿。我的父母在移民到英国之前都上过印度的大学。他们的教养使我相信我能够做成任何事。我在当地的综合学校里接受教育，我知道伊顿公学的男孩子享有得天独厚的特权，但从不认为他们比我更优秀。”

她的一条座右铭很好地概括了这种想法：“人人平等，没人更优越。”这是引导她的生活与工作的原则。“这是与世界上其他人和睦相处的好方法。”

按照沙米的说法，实现人人平等的社会依然任重而道远。人们谈论难民时，态度变得更加鄙视，这令她感到绝望。“‘难民’这个词在我看来是世界上最高贵的词之一。在我成长的20世纪70年代，我们喜欢难民，因为他们是想要逃离苏联阵营，追求更好生活的苏联人。但是现在我们把难民看成是‘外人’，低人一等，看成是问题。”更糟糕的是，她认为女性的地位低下是世界上最严重的不平等。“年龄越大，所见所闻也越多。我认为性别不公是对人权最严重的侵害。可以说它就像种族隔离，只是不止发生在一个国家，而是全球性的，历经千年。性别不平等很荒唐。”

对于如何应对不平等，如何保护我们的基本权利，她用一个词来作答，那就是“团结”。

世界上有权有势的精英们的成功总是来自阶级划分和统治，他们运用像恐惧和种族主义这样的工具。但是团队的力量更强大，这是人与人之间基本的连接。它是实现改变的神奇武器。只要记住你的人权与我的人权是一样的，哪怕我们看起来不一样，只要我们彼此支持，我们便都会受益，都会变得更强大。最终我们会成为彼此的保障。

阿里·伊曼纽尔（Ari Emanuel）

好莱坞天才经纪人、WME 经纪公司首席执行官。

我的建议归结起来有3点：好奇、醒目、保持联络。你必须不断地阅读、倾听、交谈、思考，了解人们怎么想，他们在做什么。去追踪任何看起来有趣的事情。

——阿里·伊曼纽尔

真实的阿里·伊曼纽尔

正值奥斯卡颁奖周，好莱坞超级经纪人兼《我家也有大明星》（*Entourage*）剧中人物阿里·高德（Ari Gold）的灵感来源阿里·伊曼纽尔正忙得不可开交，甚至他的助理也配有助理。这位助理创造了奇迹，在好莱坞一年中最繁忙的时期为我约到了好莱坞最有影响力的人。那可真称得上是争分夺秒啊。

助理从接待处领着我快速走到阿里的办公室，几乎是小跑的速度。上一个会面刚刚结束，接下来是我们的时间。我被领进去的时候，前面两个人正在被领出来，我们在门口还互相堵住了一下。在办公室里，阿里站在齐胸高的书桌前，书桌下方有一台跑步机，这样他可以一边工作一边锻炼身体。他抬起头看向我，然后很周到、合理地问他的助理："真见鬼，这家伙是谁?"我和阿里的谈话就这样开始了。

他的问话听起来粗鲁无礼，但其实是一种误导。他很直接、专注，但绝不粗鲁，只是因为"对我来说这一个星期糟透了。就因为奥斯卡颁奖，所有人都跑到这里来了，事情多到爆"。他说话简洁，语速很快，全是干货。他散发出暗物质一般的吸引力，无疑是整个房间的重心。他追问我缘由。

阿里想知道我为什么希望把他写进我的书里。我解释说这本书涉及各行各业的成功者，而他是最成功、最有影响力的经纪人。他听着我的回答，几乎想都没想地说道："没错，我的确是最成功、最有影响力的经纪人。"停了一下他接着说："在这个行业里，没人会因为我谦虚而给我钱。"

那么这个行业会为什么埋单？成功的秘诀是什么？"我也想过这个问题，我的建议归结起来有 3 点：好奇、醒目、保持联络。你必须不断地阅读、倾听、交谈、思考，了解人们怎么想，他们在做什么。去追踪任何看起来有趣的事情。"

他讲述了 10 年前读过的一篇关于一种新技术的文章，他觉得这项技术很有趣，这就是我们现在所知的虚拟现实技术（VR）。他打电话联系文章中提到的那个人，邀请他共进午餐，向他提问题。阿里一直和这个人保持联系，偶尔给他发去电子邮件和文章。一个周五的晚上，这个家伙给阿里打来电话，说他正要去拜会一个让他着迷的奇才，问他想不想一起去。"那是周五晚上 10 点，我已经上床了。这是极惨的一周，我玩命地工作。不过我想，好吧，去他的。我下了床，重新穿好裤子，开车一小时去见那个奇才小子。这是我做过的最棒的事情，我太喜欢他了，决定支持他，他的公司取得了巨大的成功。"

我说，当一个人已经成功了，名头很响时，做到好奇、醒目、保持联络会比较容易。我非常想知道的是在还是无名小卒的时候，他是如何做到这些事情的。"那个时候我从给经纪公司里的大佬打电话开始。我什么都不是，微不足道，我不停地给他们打电话，在门口拦住他们，直到最后他们让我进去。”

我说这样做需要脸皮足够厚。他承认确实如此，但令人吃惊的是，他说小时候患有严重的阅读障碍症对他帮助很大。“如果患有阅读障碍，你会不断失败，任何事对你来说都不容易，所以你就不再害怕失败，习惯了难堪。冷鼻子冷脸，谁在乎？他们拒绝你，没什么大不了，你不断给他们打电话就好，直到他们答应你。”

另外，他说患有阅读障碍症还教会他其他一些事情，比如提高情商。“你可能不擅长读书，但非常擅长读人。”这能让你学会如何组织团队，“因为当你患有阅读障碍症时，很多事你做不了，你需要别人的帮助。”讽刺的是，在典型的以“我”为中心的行业中，阿里却因“我们”文化而闻名。他的工作人员似乎绝对忠诚于他，就像他也忠诚于他们一样。他的一个同事告诉我，在巴黎发生恐怖袭击事件期间，阿里一听到消息就赶紧登上飞机，在 24 小时之内抵达那里，以确保他的法国团队没事。

好奇、不放弃、团队，所有这些对他的成功都是有帮助的。

这时他忠诚的团队中的一员对我点了一下头，我到时间了。在被领出来时，我回头看了一眼，最后看到的是阿里走回他的办公桌，站到跑步机上。感谢他拨冗一见。

玛莎·莱恩·福克斯 （Martha Lane Fox）

旅行服务网站“最后一分钟”的创始人，英国国会上议院最年轻的女议员。

大胆。如果你大胆无畏，可能会搞得一团糟，但同时也能够获得更多，因此去敢作敢为吧。

——玛莎·莱恩·福克斯

玛莎·莱恩·福克斯，神仙教母2.0

我在伦敦一家非常时髦的数字代理公司的办公室里见到了玛莎·莱恩·福克斯女男爵——互联网行业的第一夫人。公司里很多人穿着传递讽刺意味的T恤衫，发型独特，耳朵上还有穿孔，你可以看穿耳垂。玛莎正坐在公共的咖啡吧里，看起来光彩照人，却是反主流文化的风格。她穿着时髦的浅灰蓝色裤套装，作为伦敦最了解数字化趋势的人，她不需要用撕破的T恤和身体穿孔来证明她的先锋性。

在我们闲聊时，我发现了玛莎最令我喜欢的方面，不是她和人联合创立了“最后一分钟”网站（lastminute.com，互联网时代最典型的创业公司，后以5亿美元的价格被收购）；不是她是英国国会上议院（House of Lords）最年轻的女性议员，尽管这非常令人印象深刻；不是那次几乎要了她的命的车祸，车祸导致她在医院的病床上躺了两年；也不是她现在运作的公益组织Doteveryone，这个组织的宗旨是使英国成为世界上最先进的数字化国家。尽管这些事情令人惊叹，但让你对这个女人更有好感的是她教子的数量：她有19个教子，比戴安娜王妃还多两个。

见到她时，你不难猜出其中的原因。她浑身充满了可能性、潜力和乐观的精神。“我非常喜欢创造，喜欢点子，喜欢能够授权给别人，能够改进系统，使事情变得更好。”那么她的指导理念是什么呢？“听起来不是很古怪，那就是如果你的默认方式是慷慨大度，而不是刻薄、心胸狭窄，你会感觉好得多。”

讽刺的是，她自己常常面对的是不太善良的人性。当她的朋友兼联合创始人布伦特·霍伯曼（Brent Hoberman）倒戈时，“最后一分钟”公司的股价大跌，她收到了2 000多封恐吓信，“有人骂了各种难听的话，甚至包括死亡威胁”，就像商业记者在新闻中所写，他们恨不能枪毙她，或者“应该让她穿上穆斯林女人的长袍，安守女人本分”。人们对她可没有什么慷慨大度，所有的刻薄讽刺都指向了她，而不是她的联合创始人。

“最后一分钟”公司的故事是一粒时间胶囊，它反映了20世纪90年代末的互联网行业。它超前于它所在的时代，在谷歌公司出现之前就创立了。公司最初的名称是“最后一分钟网络”（Last-MinuteNetwork. com），大家觉得如果去掉“网络”两个字会更酷。公司最初在筹集资金上遇到了困难，因为风险投资人说人们不会在网上买东西，没人愿意把自己信用卡的信息放到网上。现在这一观点听起来天真地可笑，但玛莎说那时的互联网行业与现在不同。“它非常新，令人激动，整个世界的真实感将会改变。我们没有预测到会迅速发展起像亚马逊、谷歌和脸书这样的巨头，垄断了互联网行业。”

她相信互联网根本性的力量能够帮助人们做出改变，这个信念也是Doteveryone组织背后的驱动力量，它的使命是使每个人了解互联网，使用互联网。她正在调动政府、企业、学校和社区的力量，确保每个人能够上网，而且是以非监管的方式上网。“没有对脸书的不敬，但互联网并非只有脸书。如果你真正知道如何使用互联网，你就可以接触到现有的每一种选择、每一条信息和每一种工具。这有助于我们创造和改变。”

正是这种希望改善自己和他人的精神，以及在线上和线下看到无限的可能不断推动着她，具体体现在以下她提出的忠告里。

大胆。如果你大胆无畏，可能会搞得一团糟，但同时也能够获得更多，因此去敢作敢为吧。你失去的只是你的名声，那并不重要。重要的是努力实现看似不可能的事情，在某种程度上，那才是核心。因此无论做什么都要大胆无畏。即使你在某处的客户服务台工作，也要问自己如何能做到大胆无畏。找到可以敢作敢为的细小时刻，因为它们无处不在。

哈利·贝拉方提（Harry Belafonte）

歌手、演员，也是美国民权运动的杰出斗士。

接纳多样性，并且发现这样做的乐趣。当我们对陌生、不寻常、激进或不同的事物持更加开放的态度时，整个人类社会会更加繁荣。

——哈利·贝拉方提

王牌特工哈利·贝拉方提

我在和 89 岁的歌手哈利·贝拉方提聊美国的政治。哈利·贝拉方提获得过格莱美奖，是美国民权运动（American Civil Rights Movement）的重要人物，也是马丁·路德·金的挚友。这是一场令人难忘的谈话，他的口才特别好，特别有智慧和生命力。他的生命力有两个发动机，一个是对社会不公的愤怒，另一个是对自己祖国好的方面的无法磨灭的爱。

我们谈到了共和党的总统初选，虽然我们身在纽约，但初选的狂潮已经席卷到这里。哈利认为可以不理会唐纳德·特朗普（Donald Trump），“一个显然傲慢自大、愚昧无知的家伙，我们不需要对他太费思量”，但他说更值得考虑的事情是人们对特朗普的言论的积极反应，他的言论充满了仇恨。在哈利看来，这显示了在某种程度上美国梦已经堕落了。

相反，哈利认为巴拉克·奥巴马（Barack Obama）是最有才智的总统之一，但在任的 8 年里他承受着历史上对总统的最严重的敌意。哈利将这归结为一个原因，也是唯一的一个原因——奥巴马是有色人种。

这两种现象——特朗普的备受欢迎和奥巴马的遭遇敌意，支持了他的论断，种族主义和不平等现象在现代美国以及更广泛的世界中活跃着，而且很猖獗。哈利没有休息的打算，他的工作涉及抗击非洲的艾滋病、在核时代和平基金会（Nuclear Age Peace Foundation）任职，以及教育美国学生采用非暴力手段进行抗议的重要性。

哈利并非出生在社会激进主义的环境中，父母也不是大明星。他的父母是工人，他在纽约的黑人居住区长大。在做看门人助理时，他在聚光灯下的生活道路已经逐渐成形。他的一个房客因为缺少现金，于是送给他两张美国黑人剧院（American Negro Theater）的门票。这场戏剧点燃了他对表演艺术的热情，他当即决定要成为一名演员。于是他报名参加了表演课程，为了支付学费，他开始在纽约爵士俱乐部里唱歌。而在俱乐部中出人意料的成功为他开始流行乐职业生涯提供了机会，他演唱的《O 日》［Banana Boat Song（Day-O）］使加勒比音乐变得流行起来，他还成功发行了很多不同音乐风格的唱片，后来在影视表演中也收获了同样的成功。总之，几张免费门票得到了不错的结果。

就像很多卓越的人一样，他说这类我们无法控制的偶然事件塑造了他的人生。他建议充分利用这些事件。“我生命中最伟大的力量是巧合，对于我遇到的人所提供的和自己想要的，保持开放的态度。正因为如此，我的生命充满了各种挑战和快乐。”他把这总结为他重要的人生哲理之一：“打开被敲响的门总是有益的。”

随着名气渐增，敲门的人更多了，包括后来被事实证明是最有意义的一次。来敲门的是年轻的牧师马丁·路德·金，他请求哈利在他的一个活动中提供帮助。在第一次见面时，“金博士让我给他的布道提供帮助，在那里我接触到了改变美国政治面貌和地球大家庭的社会运动。”他成为金博士的良师益友，维持金博士一家的生计，保释被拘留的金博士，为自由乘车运动（Freedom Rides）提供资金，组织向华盛顿进军，从那之后他为民权运动而奋斗，向其他社会不公宣战。“那些家伙让我忙得不可开交。”

考虑到他所支持的事业、为之战斗的事业，以及看到朋友们为之牺牲的事业，我们可以理解为什么他会提出这样的建议。

> 接纳多样性，并且发现这样做的乐趣。当我们对陌生、不寻常、激进或不同的事物持更加开放的态度时，整个人类社会会更加繁荣。目前我们这样做的能力受到了控制，多样性被看成是邪恶之源，而不是快乐和发展的源泉。我们必须重新认识到，把多样性看成是乐趣而非可怕之事是非常有益的。

这是我听到过的最重要的建议。

桑蒂·图克斯威格 （Sandi Toksvig）

演员、编剧、主持人，同时是英国朴次茅斯大学校长。

你必须行动起来，做点什么。

——桑蒂·图克斯威格

桑蒂·图克斯威格，严肃的风趣

我正要进入一家位于纽约索霍区的俱乐部，巨大的黄铜门把手上系着一面彩虹旗。12 小时之前在这家同性恋夜总会里，有一场为纪念奥兰多大屠杀受害者而举行的演出，目的是使同性恋者团结起来。这是一次了不起的活动，到场的每个人都曾感受过恐惧，也都与桑蒂·图克斯威格有着深厚的个人关系。桑蒂·图克斯威格是一位深受欢迎的作家、演员、制作人兼喜剧演员。她是 20 世纪 90 年代英国第一个公开同性恋身份的女性，承受着人们对同性恋的极度恐惧。“我面对过死亡威胁、被人跟踪，以及被精神有问题的人骚扰，但在公众眼中你不必害怕，没有人害怕盲目的仇恨。”

对桑蒂来说，招致最刻薄言辞的事实是她和她的伴侣是 3 个孩子的妈妈（感谢捐献精子的朋友）。《每日邮报》（*Daily Mail*）上的标题写着“如果上帝想让女同性恋者生孩子，他会赐予她们这个能力”。宗教权利成员表示他们要代表上帝杀了她。“因为上帝显然很忙，需要他们来帮忙整肃。”她说，幸运的是，如今情况好多了，“人们对我很友好，在大街上我获得了很多拥抱。我不知道为什么，我想可能是因为我身材矮小。”

这是桑蒂独特的地方：她可以既风趣又非常严肃。她热爱喜剧，“喜剧很好，人们可以忘记他们的抵押贷款、婚姻问题，而只是欢笑”，但驱使她的不只是提供娱乐，还有比较严肃的动机，“我不为名、不为利，我根本不在乎这些，我完全不信仰宗教，但非常想创造改变。我只有一次生命，我想过得有意义。”

她在英国联合成立了新的政党——女性平权党（Women's Equality Party)，这是她的人生信条的最新表现。女性平权党的目标是在教育、就业、社会福利、文化等社会的各个方面实现性别平等。桑蒂说成立女性平权党的想法最早出现在女权节的舞台上，这个想法一经提出，她便无法置之不理。“你必须行动起来，做点什么，不是吗？我不想在临终时懊悔自己没有尝试过。”

现在已经不用担心这个了。女性平权党已经拥有了20 000多名成员，在后来伦敦的市长竞选中有两位候选人参加竞选，而且会为下次大选推选出代表。

我不禁想到一个很实际的问题：她是如何平衡这么多的演讲、写作和表演工作的？她的回答同样很实际：“我很勤奋，起得很早。人们问你是怎么完成所有这些事情的，答案是你必须投入大量时间。”

她的宝贵建议反映了她对工作的热爱。

> 勤奋、充满热情。如果我只能教给孩子一件事情，那会是热爱。我热爱食物，热爱我的朋友和妻子，热爱我们的房子、我们的狗。我热情洋溢，早晨起床我就怀着饱满的热情。我的父亲信

奉这种方式，这是他教给我的一件事。生活无比精彩，充满了你没见过的人、没听过的音乐、没读过的书。如果你从寻找热爱的事情开始每一天，你基本上就不会失望，因为每天你都会发现这样的事情，你可以对它说：看啊，它真酷。

因为这个人生宣言，我个人希望桑蒂·图克斯威格能成为英国首相。

戴维·阿滕伯勒 （David Attenborough）

博物学家、生态纪录片大师。

我认为，如果能保持对大自然的惊叹和好奇，我们会受益良多。所以我的忠告是永远不要失去这种惊叹和好奇，尽可能始终感受到大自然的神奇。

——戴维·阿滕伯勒

依然纯真的戴维·阿滕伯勒爵士

我可以听到各种大自然的声音。空气中充满了神秘的啁啾声和嘎嘎声、奇异的口哨声、嘟嘟声和咔嗒声。紧接着，一只加纳大节蛙、一只马达加斯加侧颈龟和一只巴基斯坦雪豹在我眼前一闪而过。然后一位戴着部落头饰的巴布亚新几内亚勇士出现了。我们目光相遇，他对我友好地微笑，向我走来，伸出手，以传统的方式向我问候。我在想，对于西伦敦周二的傍晚来说，这真的不错。

需要解释一下，那些是录制的声音和影片中的动物，但勇士是真的，他非常享受他的第一次伦敦之旅，以及平生第一次喝到杜松子酒和汽水。我们是来参加惠特利自然奖（Whitley Awards for Nature）的颁奖仪式的，这是类似奥斯卡的奖项，奖励自然保护方面的新星。颁奖地点在皇家地理学会（Royal Geographical Society），考虑到被提名者的渊源，选择这个地点很合适。每个被提名者都将毕生精力奉献给了保护受威胁的本地物种，保护大节蛙的加纳被提名者甚至学会了模仿大节蛙求偶时的叫声，在上台领奖时，他还大胆模仿了几声，这让他的获奖感言非常令人难忘。

虽然那天晚上的仪式围绕着庆祝这些自然资源保护者及他们的项目而展开，但最吸引人的是当晚的嘉宾——全世界最受尊敬的博物学家戴维·阿滕伯勒爵士。他穿着起了褶子的米色亚麻西装，满世界寻找刚刚从异国他乡旅行归来的人，当然他也常常在异国他乡旅行。他参加颁奖仪式的目的是支持自然资源保护者，而不是为了自己出风头。就像他的纪录片的主题，他更喜欢躲藏在高高的草丛里或者坐在观众席里，而不是站在舞台上。

和他面对面交谈时，你会发现他是一个非常有魅力但很谦逊的人。他说他之所以每年在这些奖项上投入时间，包括为每个保护自然项目的影片配旁白，是因为“对当地很了解且充满兴趣的当地人”最适合做保护工作，而且“支持他们保护地球比以往更重要了”。每个人都注意到，在场的很多人是因为受到戴维爵士拍摄的影片的激励，才开始保护大自然行动的。这种影响具有全球性：奥巴马总统说戴维爵士唤醒了他儿时对自然世界的着迷，他邀请戴维爵士来白宫为自然保护出谋划策，实现他童年时与大自然的总司令一起玩耍的梦想。

根据戴维爵士的说法，人类在不断侵占自然栖息地，对环境的索求也在不断增加，在他拍摄影片的60多年里，这种情况日益严重。他清楚地看到这个问题的根本驱动力：“地球面临的任何重大问题都不是少数人能够轻易解决的。”

他还强调了重视我们身边事物的重要性：不只是自然的历史，尽管这无疑非常重要，还要重视艺术和其他人。他建议人们应该具有他所说的“探索者心态”，在生活中喜欢并尽情享受它的丰富多彩。在这样做的时候要注意“你所创造的应该多于你所消耗的”。

戴维爵士还有着男孩一样的调皮。当我请他提供最有益的忠告时，他假装一无所知，说他想不出什么人生哲理，然后眨眨眼睛。当我再次请求他提供最有价值的忠告时，他依然表达了同之前类似的看法，也就是我们应该欣赏地球上的生命所呈现出的奇迹，这非常符合他在他的影片中所展现出来的无尽魅力。

> 我从来没有见过一个不对自然世界、动物王国以及其中的奇妙事物着迷的孩子。随着年龄的增长，有时我们会不再为之惊叹。但是我认为，如果能保持对大自然的惊叹和好奇，我们会受益良多。所以我的忠告是永远不要失去这种惊叹和好奇，尽可能始终感受到大自然的神奇。

没有人比戴维爵士做得更好。

朱迪·丹奇 （Judi Dench）

英国著名演员，曾获奥斯卡金像奖最佳女配角奖。

人应该寻找生活的积极面。消极会侵蚀一切。如果发生了不好的事情，我会说删除，继续，重整旗鼓。

——朱迪·丹奇

和朱迪·丹奇夫人醉一场

我从来没有在明媚的夏日早晨感觉这么糟糕。那是 2016 年 6 月 24 日星期五，英国进行公投，选择退出欧盟。我彻夜未眠，和过去 6 个月里一起战斗的团队观看结果，非常不安地意识到英国选择烧掉桥梁，建起高墙。

这些想法是我想去拜访朱迪·丹奇夫人的思想背景。她的家位于绿意葱茏的萨里（Surrey）深处。在去的路上，我看到很多红色的“投票脱欧”海报，这让我想到在这个国家里至少有一半人早晨醒来时会很开心。不过朱迪·丹奇夫人不是他们中的一员。

我在她家的花园里见到她，她穿着白色的衣服，沐浴在阳光中，和一位老友一起坐在草坪中间的桌子旁，周围是有些年头的大树和看起来没有多大防护作用的围墙。她向我表达问候。我没有采取 43 年来根深蒂固的英国人风格，而是坦诚地回答，刚刚发生的事情让我非常沮丧。“我也是，”她答道，“没有其他解决办法，我打算喝个酩酊大醉。”

“喝醉?”[①] 我问道，这个不熟悉但听起来可敬的词令我有些迷惑。“是的，喝醉。这是古老的爱尔兰词语，我妈妈来自都柏林。这个词的意思是喝醉，而且是酩酊大醉。”我想听起来可敬一定是我搞错了。

在这次见面之前我们没有见过，但共同的悲痛感拉近了我们的距离。我们围坐在桌旁，叹息公投结果，因为这代表英国失去了同一性和宽容。在把自己重新带入光明之前，我们都将沉沦一段时间。

我和朱迪夫人共度了3个小时。她完全符合你可能对她的想象：有思想、正直、热情、幽默、善良、令人如沐春风。在交谈期间，我们一开始啜饮冰咖啡，后来又喝了香槟，不过离开时我并没有喝醉，而且要感谢朱迪夫人，我觉得自己不再需要喝个大醉了。

不过她的款待确实令我陶醉，那是由建议、轶事和主张组成的美味鸡尾酒。我最喜欢的故事是，8年前戏剧评论家查尔斯·斯宾塞（Charles Spencer）对她的表演给予了恶评。“他不仅批评我的表演，而且列出了其他他认为我做得不好的事情，这惹恼了我。一天晚上我醒了，想到要给他写封信，出了这口恶气。于是我写了信，信中写道：‘亲爱的查尔斯·斯宾塞，我过去很崇敬您，现在我觉得您就是坨屎。’然后我把信发了出去。”

就像所有好故事一样，这个故事还有后半部分。2016年早些时候，朱迪夫人参加影评人协会奖（Critics’ Circle Awards）的颁奖仪式。“我觉得有人拍了一下我的肩膀，一个男人对我说：‘我叫查尔

---

① 此处英文原版使用的单词为“stocious”。——编者注

斯·斯宾塞，我请您原谅。’我说：‘既然如此，你吻我的靴子吧。’他真这样做了，他伏在地上，吻我的靴子。然后他站起来感叹道：‘我如释重负。’但我说：‘我还没说原谅你。’然后我就走开了。”她停顿了一下，以产生戏剧效果。“第二天我写信给他说‘我原谅你了。’这件事非常有纠正行为的效果。”

有趣的是，她从来没有打算成为一名演员。她本来计划成为舞台设计师，而且学的就是舞台设计。“我的一个哥哥一直想成为演员，就像得了麻疹似的，我被他传染了。”另一个哥哥让她了解到了莎士比亚。“我 6 岁的时候，看他在《麦克白》中饰演邓肯。他走上前来说：‘那个凶残的人是谁？’我认为就是这样，他情感饱满地站在那里说这句话，在那之后我也经常说‘那个凶残的人是谁？’我知道我一定会成功。”

关于莎士比亚的闲谈引出了令人惊叹的事情，至少对我来说是这样的。朱迪夫人仰起头，开始背诵莎士比亚的名篇，我的心几乎要停止跳动了，“记得有一次，在一个狂风暴雨的白昼，台伯河里的怒浪正冲击着它的堤岸，恺撒对我说，‘凯歇斯，你现在敢不敢跟我跳下这汹涌的波涛里……’”她仿佛带着我来到了台伯河的堤岸上。我一边喝着朱迪夫人的香槟，一边欣赏着她一对一地表演莎士比亚戏剧的片段，简直令人难以置信，真应该让查尔斯·斯宾塞看看这一幕。

她告诉我热爱和激情非常重要。她的激情所在无疑是莎士比亚，如果莎翁还活着，她入木三分的演绎一定也会令他动容。在成为演员时，朱迪夫人只想演莎士比亚的戏剧。她的第一个角色是在老维克剧院（Old Vic）中扮演奥菲莉娅。这引发了争议，因为从未听说过这样的事情，让一个无名小卒在第一次演出中饰演这么重要的角色。当然，她演了，而且从此一发而不可收。

不过令我吃惊的是，她说现在比以前更紧张。“你知道的越多，就会越不确定。一开始你不知道有陷阱。但是如果我不紧张，我会开始担心，因为紧张能激发力量，它就像汽油。”

她说在戏剧表演方面，她依然觉得自己暴露无遗，敏感且易受伤害。“我就像学校生物课上的青蛙，被从中间分开，固定住，等着被解剖。我希望有人能进来给我一个拥抱，有些积极的表示，但人们敲门进来，然后说出类似这样的话，‘从格洛斯特到这里是我们有过的最糟糕的旅程’。”

这是体现她重要看法的一个小例子，那就是如果你保持积极，生活会更好。

> 要我提供建议的话，我会说，看在老天的份儿上，人应该寻找生活的积极面。消极会侵蚀一切。如果发生了不好的事情，我会说删除，继续，重整旗鼓。消极没有任何好处，我反对消极。

之后她又补充了一句。

> 除了在公投问题上。

我要为此喝一杯。

安迪·里德（Andy Reid）

英国退伍老兵，曾在阿富汗执行任务并身负重伤。

重要的不是回顾发生了什么，而是展望你能做什么，然后继续努力。

——安迪·里德

听下士安迪·里德讲新兵笑话

“我的蛋蛋依然完好吗?”这是下士安迪·里德恢复意识后问的第一个问题。他是一名英国步兵，在阿富汗执行任务。10 天前塔利班的简易爆炸装置爆炸了，炸掉了他的双腿和一只胳膊。对安迪、他未来的妻子克莱尔和儿子威廉来说幸运的是，这个问题的答案是肯定的。

当我去他的家乡拜访他时，他给我讲了这件事。他很体贴地到车站接我，开着装饰得很夸张的吉普车，车窗是带颜色的，还装有扰流器，这可不是普通的残疾人机动车，而安迪的故事也很特别。

安迪在厨房里熟练地用一只手为我俩煮茶，讲起从阿富汗被撤离回来，父母第一次来医院看他的情景。看到儿子躺在床上，失去了双腿和一只手臂，另一只手臂还打着石膏，他的父亲不知所措，只是拍着安迪的头。“我说：‘爸爸，我不是狗。’我一说完，大家都笑了起来，当时我们就知道这件事会过去的。”

对安迪来说，开玩笑就是“讲新兵笑话”，这是士兵用来放松情绪的幽默方式，可以让不正常的情境显得正常点。“爆炸发生的 4 周之后，我参加纪念游行，天气非常冷。我对男孩们说：‘冷死了，我的脚趾头都没感觉了。’每个人都笑了起来，消除了尴尬气氛。”

安迪最不希望看到的是人们在他身边时小心翼翼，生怕哪句话伤害了他，或者对他表示同情。“我加入军队，愿意为所发生的事情负责。我知道风险，这有助于我更轻松地应对一切。如果每次都责备他人，你不会有很大的进步。这只会让你沮丧、失望、愤怒、怨恨。”这种思维方式体现了坚韧与决心，这使安迪成为模范战士。

安迪没有怨恨，而是在每年都会庆祝爆炸那一天，他称之为“活着快乐日”。“在医院里醒来时，我意识到我不是受害者，而是幸存者。我们连有 6 个人死于简易爆炸装置，两周之后我就可以离开医院回家，但他们不能。”他说他敬重那些不能幸运地回来，充分实现自己人生的战友，但看不起那些自暴自弃的家伙。

他提供给大家一条应对重大挑战的建议，那就是要记住“身体能实现内心相信自己可以做到的事情”。在每个活着快乐日，他会给自己设定一个目标，做一件对身体很有挑战性的事，并证明自己能做到。在这种态度的激励下，到目前为止他爬上了斯诺登峰（Snowdon），完成了 10 公里赛跑，骑自行车走了大半个英国，还玩了两次花样跳伞。人们会认为这些事情都是他不可能完成的，但安迪靠着意志的力量，把它们变成了现实。

安迪在厨房墙上张贴的巨大海报彰显了这种不断前进的精神。海报上有温斯顿·丘吉尔的照片和他的一句名言，名言的字体很大：“如果你正遭遇地狱般的磨难，不要放弃。”这也体现了安迪的人生旅程是多么艰难。他说不能陪着他年幼的儿子到处跑确实令他难过，有时这种痛苦很可怕，但他不断前进的态度很坚决。“我的忧郁不会给儿子带来任何益处，不是吗？”

他谈论着退伍之后的新生活，他有很多事情要做。他是一位成功的作家，写了本讲述他的故事的书，已经出版了，而且另一本正在创作过程中。他在镇上开了一家咖啡馆兼酒吧，结了婚，还是战胜逆境方面最受欢迎的演讲者。对安迪来说，最重要的是可以更多地陪伴年幼的儿子，然而如果没有退伍，这是不可能的。

新生活以及以上这些成就为他最重要的建议提供了背景，他的建议是：

> 一天结束时，我认为重要的不是回顾发生了什么，而是展望你能做什么，然后继续努力。

他身体力行着这条人生哲学，他就是这条人生哲学的最佳实例。

他最后的几句话以非常令人难忘的方式强调了这种做法的益处。“如果某人明天对我说：‘安迪，你希望重新获得双腿，回到过去的生活吗？’我会回答：‘不，谢谢。现在的我比以前更快乐。’”

理查德·布兰森 （Richard Branson）

维珍品牌创始人，英国最具传奇色彩的亿万富翁，以特立独行著称。

它们都是生活，都很宝贵。不要浪费时间做你不想做的事情，和自己喜欢的人一起工作和生活。

——理查德·布兰森

岛民理查德·布兰森爵士

我第一次见到理查德·布兰森爵士是在他牛津郡的老宅，他在邻近的旷野里为英国维珍大西洋航空公司（简称维珍航空）的工作人员举办了一场大型派对。他是“了不起的盖茨比”的反面，他站在大门口，问候每一个走进来的人，总共有15 000人。他花了4个多小时握手，亲吻对方面颊，欢迎所有人——这体现了他的管理原则之一：如果你关心你的员工，他们就会关心你。

现在维珍航空的员工梦想着去老板正式的家，它位于理查德·布兰森的私人海岛内克尔岛（Necker）。内克尔岛静卧在加勒比海淡蓝色的海水中，每年会有少数幸运的员工受到邀请来这里。就福利而言，这可远胜于免费的茶和咖啡。

我在岛上待了一周，不是作为员工，而是作为这家人的朋友（非常感谢）。我可以作证，提出“旅途比抵达更棒”这种说法的人一定没到过内克尔岛。在这里甚至连旅途也是史诗般的。你乘坐螺旋桨飞机降到附近的着陆带，然后登上一艘快艇，船员非常友善，快艇的马达轰鸣，还有清凉的饮料。快艇划过蔚蓝的海面，在小岛中穿行，最后来到群岛中的目的地——内克尔岛。

看到它时，你就知道为什么上帝迟迟不肯让世人发现内克尔岛：两片新月形的洁白沙滩，棕榈树掩映着，一直延伸到葱茏的海岬两侧，而海岬上则矗立着富丽堂皇的宅邸。虽然我在之前看过网上的照片，对海边倒映着礁石颜色的漩水浴缸和可以眺望平静大海的无边泳池有了心理准备，但野生动植物的美远远超出了你的预期：各种色彩鲜艳的鸟儿把天空弄得乱七八糟，耳边响着狐猴求偶的尖利叫声，一个内陆潟湖有能够容纳 300 只粉色火烈鸟那么深。我这么说好像我是一个挑剔的、难以被取悦的人，但实际上这个地方堪称完美，上帝都会愿意在这里度假。

这也使我有机会在自然环境中近距离地观察世界上最受尊敬的企业家之一。如果说这位罕见的商业巨人除了慷慨和和蔼之外还有什么突出的特点，那就是为了充分实现人生，他会全力投入，把每分每秒都看得很宝贵，是值得珍视的一次性礼物。

如果你不信，让我们来看一看布兰森在内克尔岛上常规的一天吧。

上午 6 点，和来自迈阿密的性感网球女教练打网球。

上午 8 点，和常驻瑜伽老师一起在阳台上练瑜伽。

上午 8 点 30 分，和妻子、孩子、孙子、朋友一起吃早餐。

上午 9 点，和儿子、女婿在另一个属于他的岛周围玩风筝冲浪（如今他买下了内克尔岛对面的岛，因为一个岛不够用）。

上午 10 点，和常驻私人助理前往私人办公室和广播级的媒体工作室，为全球无数维珍的业务和慈善项目提供支持。

下午 1 点，从主宅高空滑降，和家人、朋友在海滩上烤肉。

下午 2 点，和任何有胆量挑战的人在泳池边下国际象棋（胜利者：理查德·布兰森）。

下午 3 点，乘高尔夫球车返回主宅工作。

下午 4 点，在教练的指导下，上第二次网球课。

下午 5 点 30 分，喂狐猴。

下午 6 点，和其他客人打一场内克尔岛网球锦标赛（胜利者：理查德·布兰森）。

晚上 8 点，在泳池边吃晚餐。

晚上 9 点，在主宅中开派对。

在做所有这些事情时，他都穿着人字拖，带着富有感染力的热情。就像早上醒来时他惊喜地发现自己置身于这样美妙的天堂中，好像忘了自己花了 30 年来建造这个地方。

在同样的 30 年里，他还重新界定了商业的性质。在布兰森之前，人们对英国企业家的刻板印象是像“德尔男孩”① 一样不择手段。布兰森改变了这种状况，他把创立企业变得性感、有趣、很酷；最重要的是，充满可能。他的成功、他的人生和做企业的方式为其他企业家提供了信心和梦想，促使他们思考“如果……那会怎样”。

一次我看到他在海滩酒吧里，脚边放着他经常带去那里的风筝冲浪板。他正和一个在制作饮料的酒吧女招待交谈。他了解到这个女孩

① 英文为“Del Boy”，英国广播公司的情景喜剧《只有傻瓜和马》（*Only Fools and Horses*）中的一个人物。——译者注

要回英国，但担心自己找不到工作，于是他开始打电话，帮她找到了工作。这让我想起了我和他一起担任年轻创业者比赛的评委时的经历。在争论谁应该获胜时，他确保能找到额外的资助，这样每个参赛者都不会徒劳无获。布兰森总是乐于提供帮助，从他那里你总能得到积极的答复。在维珍，他有一个非正式的称谓“是领导”（Head of Yes）。他最著名的话是，“管他呢，去做吧。”

我向他征询最有价值的忠告，并强调不一定是关于工作和商业的，也可以是关于人生和如何生活的。也许是因为身处伊甸园般的环境中，更有可能是因为他在按照自己的忠告工作和生活，所以我们才能在这个人间乐土一样的小岛上。

> 人们通常会把工作和生活看成是独立的事物，将它们分开讨论，用一个补偿另一个，但它们都是生活，都很宝贵。不要浪费时间做你不想做的事情，和自己喜欢的人一起工作和生活。

在他说这番话时，我可以远远地看到他的家人、朋友和私人助理正沿着蜿蜒的道路从海岬上走下来，到私人海滩上与他共享午餐。我曾无数次在心里对自己说，这是个懂得如何生活的人。

凯蒂·派珀（Katie Piper）

英国模特，2008年遭前男友雇凶泼硫酸，导致整张容貌被毁，经过40多次手术和多年的恢复，终于重拾自信，拥有了幸福人生。

障碍只存在于我们的头脑中。我们创造了它，喂养着它，让它一直存在。

——凯蒂·派珀

超级榜样凯蒂·派珀

一个晴朗的下午，我在伦敦一家时尚的酒吧里和光彩照人的模特凯蒂·派珀一起喝着金汤力鸡尾酒。她不仅是模特，也是电视节目主持人、慈善家、畅销书作家。她经历过一段艰难的岁月。

我一边喝着酒，一边了解到很多关于凯蒂·派珀的令人印象深刻的事情：她的慈善项目帮助了成千上万的人；她是一位高产作家，8年出版了5本书；她面面俱到，兼顾了繁忙的工作和养儿育女的重任。而最令人印象深刻的事情是，8年前在遭到前男友强奸，脸上被泼了硫酸之后，她面对生活的态度。

这次攻击的目的就是想给她造成尽可能严重的身体伤害，从这个方面来看，它非常成功。从12天的昏迷中醒来后，医生向她解释了她的身体状况，简单来说就是：你双眼失明，脸部完全被毁，由于你吞咽了自己的食道，所以现在会呼吸困难，而警察正在这里给你录像，以免你活不到法庭审判。

她当时的反应很简单，也是可以理解的："我心想'我要设法离开医院，秘密地回到自己家，然后服药自尽。'"接下来的几周过得非常慢：卧床不起、疼痛、动弹不得、一天 24 小时都有护士看护，凯蒂只能偷偷地计划她的自杀。一天晚上在她想着如何自杀时，“某个地方有个声音对我说：‘不要自杀。我无法解释为什么，但有更重要的原因。你必须活着。’”她说，在那一刻她做出了此生最重要的决定：她选择成为幸存者，而不是受害者。

出院的时候，这个决定变得更加坚定。她称赞医生的高超医术和护士给予她的悉心照料，但当人们谈论起残疾的好处和政府福利公寓时，她意识到他们对她未来生活的预期非常低。“没人说被毁了容的女人还可以结婚、生孩子，甚至依然可以性感、做首席执行官、做开拓者、成为时尚界的领袖。我决心超越人们的预期，实现我想实现的一切。跟任何人比，我都没有缺失什么。”

构建她新生活的一部分要素是接受已经发生的事情。“我对自己说，我的外貌永远回不去了，永远不可能像辛迪·克劳馥（Cindy Crawford）一样漂亮，但我可以有我自己的美丽。”另一部分要素是复原力。“看一看那些被做成的事情，做成它们的人通常被告知根本没戏，但这些人不去理会，坚持不懈地努力。我从这些事情上获得了鼓舞和启发。”当然还需要莫大的勇气，她承受了 40 多次手术和皮肤移植，曾经一天 23 个小时戴着面罩，还需要勇敢地首次面对外面的世界。“一开始我不愿意离开家，患上了公共场所恐惧症，那真是一段黑暗的时期。一天当我穿着睡衣看着《放荡女人》（Loose Women）时，这个节目我已经看了一年，我突然觉得我应该走出家门。”

作为一个渴望结婚生子的单身女人，她还需要应对相亲的挑战。“我住在奇斯威克一间一室一厅的公寓里，戴着整形面罩，期待有人回我的短信。我想，好吧，鉴于我的情况，这太难了，没人会喜欢我。”但是她没有让残疾阻断她做母亲的道路。“我开始存钱，打算冷冻我的卵子，并且开始调查研究如何收养孩子，因为在我看来，没有什么能阻止我成为一个母亲。”她继续相亲，最后遇到了一个相爱的男人，结了婚，有了孩子。

凯蒂·派珀说，人们一般假定残疾会让人处于劣势，但她不愿接受这种假定。“人们觉得我的人生完蛋了，但我不这么认为。表面上看，我的机会更少，会不怎么快乐，我应该会患上抑郁症、酒精依赖症。但其实我从未这样积极过，从未吸引过这么多积极而成功的人。”

人们认为理所当然的事情在她这里不再适用，她不仅结了婚、生了孩子、重返模特行业、管理着慈善组织、帮助了成千上万的烧伤受害者，而且做成了更多的事情。从过去 8 年的经历和所取得的成就中获得的洞见构成了她认为最重要的建议。

> 整件事情让我明白，我们给自己设置的障碍并不真的存在。障碍只存在于我们的头脑中，我们创造了它，喂养着它，让它一直存在。但我们同样可以选择砸烂它们。信心和快乐不是一种幸运，也不是只有其他人可以拥有，它是你做出的决定，其中包含勤奋、奉献和自信。没有障碍能阻止你获得它。如果因为某些原因你曾感到绝望，你应该记住，上帝会把最艰难的旅程分配给他最坚强的战士。

迈克尔·布隆伯格 （Mike Bloomberg）

彭博有限合伙公司和彭博慈善基金会创始人、联合国气候行动特使，三度出任纽约市长。

总有其他人也能做你所做的事，所以一定要先做，比其他人做得更早。

——迈克尔·布隆伯格

迈克尔·布隆伯格，纽约市最杰出的市长

卓越人物最非凡的地方之一是，一旦他们克服困难，在某个领域取得了成功，他们常常会进入另一个完全不同的领域并同样取得成功。

迈克尔·布隆伯格就是很典型的例子。

30 多岁时他白手起家创建了彭博公司，把它发展成为全球性的媒体企业，他本人也成为当时全世界排名第 14 位的大富豪，这是非常好的成绩。而接下来他转向了政治领域，成为历史上最成功的市长。他管理的是世界金融中心纽约市，连任三届，这是绝无仅有的。

当见到他本人时，你会觉得他就是他所领导的城市的人类化身，直率、忙碌、睡眠时间很少。

他说话快是出了名的。他是一个喜欢把事情做完，而且尽早做完的人。作为市长，他承诺到 2030 年将温室气体的排放量减少 30%，而仅用 6 年就减少了 19%。他启动了一个项目，计划到 2017 年在纽约市新种植 100 万棵树，只是两年前这个项目就完成了。

就像这座城市一样，他不断彻底改造自己。最初他是民主党人，

但后来又作为共和党人参加纽约市市长的竞选，他用自己的钱参加竞选，这样就不需要对任何人感恩戴德。作为一名共和党人，他主张人工流产合法化、支持枪支法、支持移民改革，所有这些立场都不是典型共和党人应有的立场。在竞选第三届纽约市市长时（理论上讲，他不能这样做，但市议会投票决定改变规定，允许他第三次参加竞选），他代表无党派人士参加竞选并且获得了胜利。

政治生涯结束后，他开始投入慈善事业，给 850 家慈善机构捐献的善款超过 18 亿美元。他白手起家，深信帮助他人的重要性，他资助各种各样的项目，从建新医院、应对气候变化，到继续教育。

总之，这个人永不止步。

对于如何拥有这样充实、成功、忙碌的人生，他认为最好的忠告是什么？

> 为了实现目标，你必须努力工作，这意味着你应该做自己非常喜欢的事情。谁想过每天都不得不做自己不喜欢的事情的生活？最重要的是，你一定要起床就去做自己喜欢的事情。总有其他人也能做你所做的事，所以一定要先做，比其他人做得更早。你每天早晨必须早早起来，开始做你喜欢做的事。

换言之，这座不眠之城的市长在说：“醒醒，起床了！”

戴安娜·阿西尔 （Diana Athill）

英国女作家，被誉为英国文学界不朽的神话，也是英国出版界的老前辈，作品《终点前某处》获得科斯塔传记奖。

不要因为激情而认为某人是属于自己的。婚姻的秘诀在于爱他，而不占有他。

——戴安娜·阿西尔

不循常规的黛安娜·阿西尔

我在伦敦北部的一家退休女士养老院里，它位于海格特公墓（Highgate）的后街上，是一座墙砖破碎的老宅。走廊静谧、温暖而舒适，我有些犹豫不决，不知道哪扇门后面住着我要拜访的女士。我和97岁的戴安娜·阿西尔有个预约，在她50年的出版生涯里，人们称她为伦敦最好的编辑。她编辑出版过从杰克·凯鲁亚克（Jack Kerouac）到菲利普·罗斯（Philip Roth）的诸多作品，如今90多岁的她自己也成了获奖作家。而且在婚姻关系方面她提出了非常好的建议，至少对于今天的人很有借鉴价值。

我尽量避免突如其来地闯入某位退休女士的卧房，后来遇见一位工作人员，他带我来到戴安娜非常简朴的小屋。她的第一句话就显示出我见到的人有着非凡的人生，她会说出非凡之语。第一个话题是性和不忠，这可不是在养老院里拜访有教养的女士应该有的话题。我重新在椅子上坐好，今天会有一场酣畅的交流。“如果你结婚了，不要奢望两个人会始终完全忠诚。如果你有这样的期望，那你一定是疯了。我不是说见一个爱一个，但不忠确实会发生，因为不忠而离婚是很愚蠢的。”

虽然不是每个人都赞同这样尖锐的观点，但戴安娜言行一致是不争的事实。她维持时间最长的婚姻是和牙买加剧作家巴里·瑞克德（Barry Reckord）的婚姻。他们在40多岁时相识，在和戴安娜一起生活了8年后，巴里和剧院里的一个女人有了婚外情。当戴安娜意识到问题很严重时，她提出让巴里的情妇搬进家来，结果3个人和睦地一起生活了很多年。这不符合大多数人对爱情的看法，但这个故事有一个尽管非传统却幸福的结尾：直到今天这个情妇依然是戴安娜的挚友。

其实戴安娜提醒人们在开始恋情的时候，要小心传统的爱情观念。她说人们在开始恋爱时会从浪漫和热恋中获得极大的乐趣，他们由此来选择伴侣，但这种感觉不会持久。最后你们的婚姻可能是“你所认为的可怕婚姻之一。丈夫和妻子在餐馆里吃饭，两个人一句话都没有”。对有知识有文化的女性来说，和伴侣无话可说是可以想到的最悲惨的命运了。相反，你应该找到一个可以无话不谈的伴侣，你们有很多共同之处，你对他感兴趣，你们有相同的价值观。“当你找到这样的伴侣，可能不会非常浪漫，但会觉得很舒服，这样的婚姻才能持久。”

我越听越开始明白她的观点了。一般来说，人们期待一个人能够满足我们所有的需求——友谊、亲密、激情，但是最好的伴侣可能不是最好的情人。根据戴安娜的观点，如果真是这样，那么为了额外的刺激和其他人发生性关系就没有什么错。“结婚时间长了，我需要新人带来的刺激感。这没什么不好，一星期见一次就能让我充满活力。

但这根本不是恋爱，我不想和他结婚。我喜欢他，他是个可爱的老男孩，但这只是性爱。”

这些是非常现代的观点。倡导这些观点的是一个生长在刻板年代的 90 多岁的女士，这使得它们更加非同凡响，也体现了戴安娜多么不循常规。她最好的建议与这些观点非常一致。

> 占有欲不要太强。这是最危险的事情之一，尤其在婚姻中的性爱上。很多人认为一旦结了婚就应该独占，否则就是不检点，我认为这种想法破坏性极大。不要因为激情而认为某人是属于自己的。婚姻的秘诀在于爱他，而不是占有他。

她的人生经验和学识使她忍不住又补充道：“如果他不忠，宽恕他通常会被证明是很有效的应对方法。”

安迪·穆雷　（Andy Murray）

英国著名男子职业网球运动员。

始终要相信：当你全力以赴时，你可以做成任何事情……不要忘了，天生的能力有限，什么也无法替代练习。

——安迪·穆雷

干旱终结者安迪・穆雷

有哪种运动比职业网球更难达到精通的水准？从小就要开始苛刻的训练，在退休之前都不能停。你的生活常常在路上，远离家人和朋友，而网球本身的特性是：一种现代的决斗；一对一单挑；没有队友与你分担压力；比赛一比好几个小时；日复一日地被严格监督和审视；令人发狂的事实是，即使比分超过 250 分，每一分依然不成比例的重要，这在数学上完全不合逻辑。在所有运动中，网球是无可争议的最纯粹、最辛苦、最无情的运动。

想象一下你决定接受这一切，决定用毕生精力追求网球这种很难成功的职业，拒绝诱人的橄榄球训练协议，放弃所有其他的人生道路。当你的努力和牺牲开始有了回报，你的级别越来越高时，结果造化弄人，你和 3 位网坛大神生在同一个时代，每位大神都取得了史无前例的成功，拥有无与伦比的高超技能，而且水平发挥很稳定。你知道如果在其他任何时代，你的天赋和技艺都可以使你赢得很多次冠军，但在紧要关头，命运给了你一个棘手的两难选择，你该怎么办？

如果你是安迪・穆雷，你会忍受痛苦，做你一直在做的事情：继续练习，不断改进。你把打网球分解成最细小的步骤，设法充分发挥每块肌肉、每顿饭、每个心理技术的作用。不知道通过什么方法，你承受住了期望带来的极端压力并且对它加以引导，而不是过分追求每一个球。

结果如何？你成为第4位大神——先获得了奥运会的冠军；后来在美网中获得首个大满贯；接着又在第5个冠军点实现温网问鼎，这是网坛甚至体育界最令人垂涎的“圣杯”。你成为英国的“造雨者”，结束了这个国家77年来的干旱[①]。3年后，数月的坏消息让英国公众变得脆弱而易怒，因此第二次温网的胜利产生了前所未有的巨大影响，人们开始想或许你刚刚开始发力。

在世的人中可能没有人像安迪·穆雷这样对自己的建议如此认真并坚决地执行。

> 始终要相信：当你全力以赴时，你可以做成任何事情。一定要百分之百地投入，尽力做好你所做的每一件事，不只是你喜欢的事，对生活也是如此。不要忘了，天生的能力有限，什么也无法替代练习。

这番话来自那个通过练习达到完美的人。

① 比喻英国77年里没有拿过温网冠军。——译者注

玛琪·曼德拉 （Maki Mandela）

纳尔逊·曼德拉（Nelson Mandela）的长女，人类学博士、企业家。

我们想得到的所有答案都在我们自己的心里。过你自己的人生，走你自己的道路。

——玛琪·曼德拉

玛琪·曼德拉博士的道路

我第一次见到纳尔逊·曼德拉幸存下来的长女玛琪·曼德拉和妻子伊芙琳·梅斯（Evelyn Mase）是在一个慈善晚宴上。晚宴是为了纪念和曼德拉一起入狱的人，这是一次令人动容的活动。那天晚上人们聚在一起庆祝曼德拉和他的同志们为南非赢得了自由，但他们和家人付出的代价，以及不计其数的其他代价让人感到有些难过。舞台上的玛琪·曼德拉穿着南非民族服装，光彩照人，她坦诚而美好地谈到自己的父亲，整个过程中一直坚定而平静，是一个任何父亲都会为之骄傲的女儿。

在后来和她一对一的交谈中，我发现这种内在的力量与平和并不足以使她愿意忍受愚蠢的人。我之所以发现这一点是因为我就是那个愚蠢的人——我有点紧张，匆忙且不清楚的介绍直接被忽视，她简略地回应道："那么你想听我说什么？"

我解释说我对她的人生哲学感兴趣。幸运的是，这是个合她口味的问题。

"我后知后觉地认识到所有的力量都来自内部。多年来我在解决心魔、怨恨和愤怒，在了解我自己，努力成为更好的玛琪，过得更真实。”

她所说的愤怒主要来自年幼的时候父亲没有在她身边。“我们之间是又爱又恨的关系，有时候我会怨恨他因为入狱而不能陪伴我。”她很坦率地谈着她的父亲。“我对他的了解是对父亲的了解，我知道他有致命的弱点。我看到过光辉荣耀的他，那时的他傲然、自豪，不会向任何人低头。在生命的最后几年里，他病得卧床不起，直到最后他始终保持着尊严，但是我知道他也是血肉之躯，就像你我。”

当然，她依然尊敬他。“他对目标很执着。如果他说他要前往某个地方——无论道路上有什么，他都会抵达那里。他活得很真实，忠实于自己，这是父亲令我敬佩和崇拜的地方。”

显而易见，活在这个受世人尊敬的人物的阴影中并不容易，甚至曼德拉本人也承认这一点。“他总是鼓励我找到我自己的人生道路。他知道他的道路不适合我，他说如果你的使命是做得和父母一样，那你一点出息都没有。”

她自己规划的人生之路是成为一名社会工作者、人类学博士、商人兼拥有葡萄园的企业家。她找到了自己的人生道路，摆脱了父亲的阴影，同时爱着真实的他。

她的忠告体现了这一点。

我们想得到的所有答案都在我们自己的心里。过你自己的人生，走你自己的路。

马里奥·特斯蒂诺（Mario Testino）

著名的时尚摄影师，受到全球很多皇室的钦点和授权，也是已故英国王妃戴安娜的私人摄影师。

你不仅要对你喜欢的事物开放，也要对让你感到有点困惑，或者让你感到好奇的事物保持开放，因为在喜欢的事物上已经没有发展的空间了。

——马里奥·特斯蒂诺

超级马里奥·特斯蒂诺

马里奥·特斯蒂诺的总部完全符合人们对世界最著名摄影师的家的想象。建筑的外部被刷成时尚的黑色，就像超模的小黑裙。建筑内部洁白明亮，是一个巨大的开放式工作室，摄影设备和来过的名人数量令人叹为观止。墙上挂着一张张世界上最著名、最美丽、最有才华的人的照片，他们都曾凝视着马里奥的镜头，定格了很棒的影像。

马里奥本人像模特一样帅，穿着低调，衣服的颜色通常是不同深浅的海军蓝。他很有魅力，和他聊天令人愉快。如果你容易嫉妒，那最好不要看他发在照片墙（Instagram）上的照片。多得不计其数的照片拍摄的是仿佛童话中的人物在美妙绝伦的地方做着不可思议的事情。它们不是伪造的，而是他真实生活的一部分。我对他说，他是少数真实生活与从外面看起来一样光鲜的人之一。他证实了我的想法。“在工作中，我会见到最漂亮的人、去最漂亮的地方。在世界上任何地方我停留的时间都不会超过 5 天。我非常幸运，但为了拥有这样的生活，我必须付出相应的代价。我曾经用了 12 年的时间才找到工作，安身立命，现在我每天至少工作 12 个小时。”

马里奥在秘鲁一个充满亲情的大家庭中长大。他是个好学生，所有人，包括他自己，都认为他将来会从事法律或经济类的职业。然而青春期时，他“开始穿奇装异服，服装色彩鲜艳，黄色、橙色，配着蓝色，有着条纹或圆点。我控制不住自己，就想穿最炫酷的服饰”。他的父母对此虽然不理解，但没有阻止他。不过在所有人看来，这显然与他具有罗马天主教传统的、保守的祖国格格不入，他向父母哀求了6个月，父母终于答应送他去伦敦。

他从一开始就爱上了英国。“在英国我找到了自由，身心的自由，这里的人们在身体上很保守，但思想非常自由，他们了解一切。”他本能上觉得他可以做自己了，于是申请了伦敦一所综合性工艺学校，进行沟通研究。但因为他申请的课程要到第二年才开始，所以马里奥先在当地的一家摄影学校上课。通过一个朋友，马里奥被引荐给一位伊朗摄影师，他刚刚开了一家摄影工作室。他让马里奥做他的助理，但没有工资。“在那里我学到的比在摄影学校学到的还多，而且更有趣，这段经历让我认识到摄影就是我想做的事情。”

他说从那之后他再没愁过找工作，但也会很快失去工作。“我会说服并请求人们请我做他们的摄影师，但我的灯光完全用错了，然后工作就没了。当时摄影的效果都在胶片上，当你发现错误时已经为时已晚。”吸取了一段时间的经验教训后，他开始能保住一些工作，还有了回头客。到现在为止，他为《时尚》杂志（*Vogue*）拍摄了30多年的照片。

他说他之所以能长盛不衰，根本原因在于他一直努力去发现被拍摄事物或人物的角色。“作为摄影师，你有两个选择：作品要么体现了你，要么体现了你所拍摄的人。我不会满脑子想着马里奥·特斯蒂诺来拍摄皇室成员，也不会以这种方式来拍摄博柏利（Burberry）的广告照片，我为他们每个人拍摄独特的、能够体现他们特点的照片。”

虽然在全球取得了巨大的成功，但他在工作上很谦逊。“人们忘了我们是销售人员，我们让一切事物看起来很棒。我们可以把夹克、连衣裙、汽车、国家、家庭推销给你，我们可以推销给你任何东西，我们可以让你产生欲望。”

他还把他的成功归因于对改变、对新事物的开放态度。“我总是说我不想成为任何事物，因为那样我就可以成为一切，我可以成为我想成为的任何事物。性、食物的口味、音乐、颜色、服饰都发生了改变。我意识到你永远不能说你喜欢红色，因为之后它可能会变成黑色、黄色、绿色。”

他说他从自己的经历中获得的最大启发是保持可塑性，不要抗拒生活对你的安排。

> 生活很爱开玩笑，它会很随意，所以你要学会顺应。你不仅要对你喜欢的事物开放，也要对让你感到有点困惑，或者让你感到好奇的事物保持开放，因为在喜欢的事物上已经没有发展的空间了。我在秘鲁长大，那里会发生地震，在地震中能够保留下来的建筑通常是平时有点晃动的建筑，而那些僵硬的建筑则会断裂、倒塌。

露西·贾尔斯 （Lucy Giles）

英国现役陆军中校，也是英国历史上首位女性军校指挥官。

生活就是做正确的事，哪怕在艰难的日子里，哪怕没有人看着你。

——露西·贾尔斯

铁丝网里的陆军中校露西·贾尔斯

我一踏出车门就听见了枪声。对于拜访桑德赫斯特（Sandhurst）来说，这是非常正常、非常真实的背景音乐。桑德赫斯特是英国皇家陆军军官学校所在地，英国的每一位军官都曾在这里受训。每年有600名满怀希望的学员在这里学习，希望由此成为一名军官。培养他们是陆军中校露西·贾尔斯的责任，她是英国历史上首位女性军校指挥官，管理着这所颇受尊敬的军事学院。

我并不总是很准时，但因为要见指挥军队的人，所以我尽量提前抵达。即使如此，我到的时候，露西已经等候在警卫室了。她肩膀向后，后背挺直，帽檐向下拉到眼睛的位置。所有军人称她为“夫人”，我不确定我是否也应该这样称呼她。

幸运的是，她并没有让我感到拘束，她提议“去喝一杯啤酒”。我们计划穿过操场去主楼她的办公室里。除了看起来可怕的近战训练场和车道一侧停着的怪异坦克之外，我们几乎就是在美丽的豪华庄园里漫步。桑德赫斯特占地16平方公里，有着未被破坏的森林、天然湖泊、大片的草坪和古典建筑，露西和其他军官就住在里面。从贾尔斯中校的办公桌望出去，可以看到练兵场。24 年前，她自己就是立正站好的受训军官之一。

这 24 年来军队对待女性的态度发生了很大改变。早些年确实存在性别歧视、关于自行车的无聊笑话和愚蠢行为，但露西认为这种思想已经成为历史。如今的军队不再容忍这类事情，它没有妨碍露西的从军之路，她曾经在波斯尼亚、伊拉克、阿富汗、塞拉利昂和北爱尔兰自治区领导和部署过军事行动。

除了杰出的工作成绩之外，她还是两个孩子的母亲以及军人的妻子。“这并不容易应付。”她说，眉毛稍微抬了一下，一家人住在“铁丝网里”，而“铁丝网里”指的是像桑德赫斯特这样的军事基地的范围内。总之，贾尔斯中校的生活与军队息息相关。

她进入军事世界主要是因为机遇和好奇心。一位上艾克斯特大学（Exeter University）的朋友建议露西参加周末的军官训练项目，结果露西一下子就爱上了那里的一切：身体和心理的挑战、社交、责任感、强调发展，以及军队中人的做事方法。这使她获得了综合学校里普通学生所没有的机会和能力（“我甚至学会了如何设法用叉子来进入一辆微型汽车”）。1/4 个世纪之后，她改变了整个军队院校中的课程。

我问她有什么感受。她露出灿烂的笑容，由衷地说道“我心满意足了”。她很喜欢、很享受现在的工作，原因和最初被军队吸引时是一样的：她的工作就是要充分发掘人们的潜能。那么她对此有什么建议呢？

她说她的做法是“发掘培训，而不是筛选”，也就是找到人的潜能，给予他们发展的机会，而不是寻找成品，筛选掉其他人。训练的重要组成内容是身体训练和纪律，但同样强调软能力，比如决策、激励和沟通。作为一名军人，在必要时你应该能打硬仗，下达铁一般的命令，但大多数时候你的职责是制订清晰的计划，进行沟通，赢得人心，而不只是做恶人。

她说一切最终都会归结到价值观。军队有自己的一套价值观——勇气、纪律、尊重、正直、忠诚和无私的奉献。她的任务就是让这套价值观在士兵的心里根深蒂固，有了这样的价值观才能算是英国军队的士兵。

“如果因为你的工作服上有绒毛而被惩罚，大晚上在外面罚站，那是因为你没有在最基本的层面上执行纪律，没有在检阅前检查你的装备。如果把这个小问题放到另一个背景中，比如你忘了扣上枪的保险栓，意外走火，害死了某人，你就会明白我们为什么要惩罚你。我们所做的每一件事都是为了造就更好的士兵。”

她把她的领导风格总结为“喝更多的茶”：从办公桌后面走出来，花时间和士兵相处，一起喝一杯、聊聊天、了解他们的动向、和他们一起蹲在战壕里，这既是字面意义上的，也是比喻意义上的。在桑德赫斯特，她经常全副武装，和士兵一起训练、跑步。她会事先了解谁可能有困难，然后陪着他们跑，询问他们的感受，找出问题，提供帮助：“从这个方面来看，我就像一只母鸡。”

杰出的士兵会践行这些价值观并帮助其他人也这么做。不过在露西看来，这也适用于生活。

对我来说，生活就是做正确的事，哪怕在艰难的日子里，哪怕没有人看着你。如果你做了不正确的事情或者对这类事情坐视不管，你其实是在欺骗、危害你自己。如果做正确的事情，无论结果如何，你的信心都会增长，你会拥有更美好的生活。所以一定要对自己诚实，一定要做正确的事。

是，夫人。

安东尼·波登（Anthony Bourdain）

美国著名厨师，同时也是著名美食节目主持人。2018年6月8日（本书英文版出版两年后），因抑郁症而自杀身亡，终年61岁。

我努力避免把机会搞砸，没有计划，只是努力工作，躲开混蛋，并且始终保持准时。

——安东尼·波登

安东尼·波登，一台犀利且难对付的烤肉机

如果你读过安东尼·波登写的揭秘餐馆的大作《厨房秘事》（*Kitchen Confidential*），你应该知道绝不要在周二点鱼。安东尼·波登是一位厨师、作家兼电视节目主持人，他有点坏坏的，在这本书里有他最新的真知灼见。我想说的是，幸亏我早早去赴了他的约。

1. 准时到

“我很守时，这或许是我学到的最有用的经验，也是一个人性格特点的首要证据：你是否是那种说了但不做的人？准时是我对厨师的第一个要求，如果你做不到，教你怎么做荷兰辣酱油可能是在浪费我的时间。在社交关系中也是如此，你是否足够尊重我，能准时到场？如果你不能，我们接下来的关系可能会有问题。”

2. 厨房的工作会修理你

“我来自郊区的中产阶级，是一个被惯坏了的孩子，自恋、懒惰、以自我为中心。如果我完全顺着自己天生的本能，会使我滑向混乱、自我破坏和成瘾的深渊。但是厨房的工作迫使我自律，避免了我去肆意妄为。我从 17 岁开始洗碗，本来可能一洗 30 年，但我学会了如何

成长，我在那里长大成人了。”

3. 礼貌地对待侍者

“如果你对侍者或酒店工作人员刻薄、轻视，你在我这儿就没戏了，即使不完蛋，你也会受点伤——我不会再和你交往。如果你对侍者态度恶劣，那说明了你的真实为人：你现在可能不会这样对我，但总有一天会。”

4. 不要和混蛋共事

“如果你不喜欢和你共事的人，最好结束这段痛苦的关系。任何利益与你的痛苦相比都是不值的，因为你的生活会很惨。如果你时时刻刻都要应付混蛋，你会死于心脏病发作。你心里清楚我说的这类人。当看到来电显示上是他们的电话号码，你会想，‘他妈的，我不想和他们说话。’不要和这些人做生意。米奇·柯里昂（Mickey Corleone）曾说生意就是生意，与个人无关。胡扯，所有生意都与个人有关。”

5. 作为厨师，你不应该对任何人吹牛

“厨房是一板一眼的世界：你要么能、要么不能在 3 个小时当班的时间里做出 300 份班尼迪克蛋。你可以一直吹自己多棒，但我们总会发现真相。你之前或之后无论说什么都毫无意义，但是如果你真的很棒，他们会给你升职。这就像黑手党：如果你杀了 8 个人，你就会成为黑手党的正式成员。”

6. 如果你很幸运，获得一个好机会，一定要好好利用

“如果你像我一样 44 岁了，曾经在人生的各个方面都搞砸过，那么当机会降临时，比如我获得了写书的机会，你一定要意识到自己很幸运。然后努力工作，尽量不要把它搞砸，因为大多数人辜负了好运气。我努力避免把机会搞砸，没有计划，只是努力工作，躲开混蛋，并且始终保持准时。”

7. 别讨人厌

“如果我去你家，你给我东西吃，我不是很喜欢吃，但我会微笑着吃掉。努力做一个受欢迎的好人，有感恩之心，不要讨人厌。”

8. 离嬉皮士远远的

“我讨厌嬉皮士，讨厌他们的音乐。他们对士气没有好处，会破坏工作习惯，他们从来不准时。”

正如我说过的，我真高兴自己早早地去赴约。

亚历山大·麦克林（Alexander McLean）

非洲监狱计划的创始人和领导者，致力于改善非洲监狱中囚犯恶劣的生活现状。

看起来最贫贱的人其实充满了你无法想象的天赋，像爱你自己一样去爱他们。

——亚历山大·麦克林

和亚历山大·麦克林一起坐牢

我们的司机在一堆泥巴棚屋旁边停下车，他熄了火说，我们到了。这些棚屋散落在一块干涸的空地周围。我说这不是我们要去的地方，因为没有围墙或栅栏。“为什么要有栅栏？”司机问道，我的话让他感到困惑，“囚犯没地方可逃。”

我对在非洲被监禁是什么样的有着自己的预想，但跟随亚历山大·麦克林走访了乌干达和肯尼亚的10座监狱后彻底摧毁了我的预想。亚历山大·麦克林是非洲监狱计划（African Prisons Project）的创始人。这是我们的第一站，一个监狱农场，位于乌干达北部乡村的大片草原中，周围什么都没有，我们在崎岖不平的土路上开了5个小时才抵达那里。但是为什么没有栅栏？

亚历山大解释说，不仅围墙没有必要，而且当地社区更喜欢这种方式，因为这样他们也可以利用监狱的设施。我注意到一些人在监狱水泵前有序地排着队，其中不只有囚犯，还有学校里的孩子。囚犯穿着囚服，学生们穿着校服，相安无事地排队等着打水。在西方世界里，这种场景是不可想象的。

后来，当我们在四下走动时，一个囚犯蹦跳着来到我们跟前。他说的是当地方言，我听不懂，但有一件事很清楚：他看到亚历山大很兴奋。陪着我们的监狱官翻译说："他说亚历山大·麦克林救过他的命。亚历山大来看望死刑犯，帮他上诉。在庭审那天，亚历山大把他的破衣服换成了西服、衬衫和领带，这样在法官面前他会显得很整洁。上诉成功了，这个囚犯过些日子就能重获自由。"

我向亚历山大核实这个故事，他认真而谦虚地点点头，说这是真的。出于好奇，我问他，他是否拿回了他的西服。"没有，我确信有一天他会还给我。"他慎重地回答，听起来有点过于乐观了。

这个短暂的交流体现了非洲监狱计划的本质以及亚历山大对它的无条件奉献。这个计划进入几乎或根本没有医疗、教育、法律设施的监狱，帮助它们建成医疗中心、图书馆，配备老师和律师——他们把一些监狱的死亡率降低了一个数量级，辅导不识字的囚犯完成各个阶段的教育（有些囚犯甚至获得了法律学位，现在在帮助其他囚犯），还推翻了无数死刑判决。计划的作用已经超出了改变现有的规则。亚历山大是这个计划的创始人兼领导人，他全身心投入这个使命中，不惜耗尽所有财产。

把衣服借给囚犯上法庭的故事还不是体现亚历山大如何不遗余力的最好例子，在参观镇子附近一所防备措施最严密的监狱时，我看到了最好的例子。那里的条件岂止是艰苦，我看到一间容纳了 280 名囚犯的开放式牢房，他们必须轮流睡觉、轮流坐下，因为空间小到不允许所有人同时躺下。比这更恶劣的是"肺结核牢房"，那是一间光秃秃、黑乎乎的水泥房子，用来隔离患有肺结核的囚犯。我和我的朋友因担心被传染，站在门口没有进去，而亚历山大则径直走进去，走向一个看起来健康状况最糟糕的囚犯，蹲下来，用一小块布擦拭他的额头，照看着他。毫不夸张地说，我当时心里想：耶稣也不过如此吧。

亚历山大笃信宗教。18 岁时他第一次来到非洲，在乌干达的一家收容所当志愿者。就是在那个时候他注意到，囚犯被送进医院时常常会被锁在床上，得不到治疗。他不禁联想到：如果在医院里囚犯都被如此恶劣地对待，在监狱里岂不会更糟？于是他设法进入一座监狱，去了解真实情况。而那里的情况也的确惨不忍睹，于是他决心要筹集资金，在监狱里建立基本的医疗中心和图书馆。他的努力降低了监狱的死亡率，从一年死亡 144 人降低到 12 人。从那之后，他一发而不可收。

亚历山大说非洲大多数囚犯的罪行与贫穷有关，比如偷食物、欠债不还、流浪（狄更斯式的无家可归“罪”）。而且大多数囚犯未经审判，他们只是在押候审。乌干达宪法规定在押候审不应该超过 6 个月，但目前平均的时间为两年半，结果造成监狱里人满为患，而且被收押的人多数是无辜的。这种状况令人痛心。

亚历山大的工作为这些地方带来了希望。当然他不能评判谁有罪谁无辜，但他的出发点是他们都是人，都应该活得有尊严，哪怕有时不可避免地会死去，也要死得有尊严。不仅如此，他还努力为囚犯创造改变的机会。他希望无论囚犯会在监狱里待多久，都能把这段时间变成改变自己的机会，而不是只有绝望。我见到了不少前死刑犯如今变成了律师，在帮助其他囚犯，也看到一些新近接受培训成为教师的囚犯在给其他囚犯上英语课，这说明这种改变是有可能实现的。

他真是一个非凡的人，把光照进最黑暗的地方。他的人生很好地体现了他的忠告。

> 看起来最贫贱的人其实充满了你无法想象的天赋，像爱你自己一样去爱他们。生活在社会边缘的人不需要你为他们解决问题，他们只需要被给予机会，使他们能够自己解决自己的问题。在这样做的过程中，他们常常也同时解决了其他人的问题。

埃德纳·奥布赖恩 （Edna O’Brien）

爱尔兰女作家，代表作为《乡下女孩》。

永远不要忘记是什么在激励着你。

——埃德纳·奥布赖恩

世界冠军埃德纳·奥布赖恩

在优雅的、婚礼蛋糕颜色的肯辛顿（Kensington）街尽头，有一排整洁而简朴的房子，其中有一栋看起比较小、很简朴的小屋，就像一个来拜访城里有钱亲戚的农村表亲。这栋小屋就是埃德纳·奥布赖恩温暖的、稍显破旧的家。她是一位非常有才华的爱尔兰作家，创作了具有颠覆性的作品《乡下女孩》（*Country Girls*）（之后又写了 20 多本书）。菲利普·罗斯说她是“最有天赋的英文女作家”。

在历史性的英国脱欧公投的 3 天前，我去拜访她。我们坐在她家的客厅里，周围放着她的写作用具。我们谈起了对“投票脱欧”运动的担忧，有人利用半真半假的陈述和诽谤来贬损专家，分裂祖国。

埃德纳认为这些做法只是更广泛、更长期的问题的例证。“有这样一种国家，你的声音越大，在文章中使用的下流词汇越多，影响力就会越大。世界上普遍存在着的野蛮和残忍令我惊恐。”不幸的是，她自己就遭遇过这样的野蛮和残忍。在爱尔兰，她的处女作《乡下女孩》被禁、被烧毁，她被歪曲成令爱尔兰人憎恨的形象，只因为她以优美的文字描写了年轻爱尔兰女性的性觉醒。而现在她被尊为爱尔兰最伟大的作家。

对于如何减少这种永远都会存在并愈演愈烈的刻薄，她提出的方法是花更多时间去思考和反省，而不是不加思考地听到什么就接纳什么，却根本不清楚自己在说什么、做什么。“大多数时候我们是习惯性的，用着兔子一样的大脑。我们焦躁不安，没有反省，没有专注。”为了改变这种情况，我们需要读更多的书，最好是优秀的文学作品。“阅读并不枯燥乏味，也不是为了高人一等，它可以发展天生的智慧，使它变得更深刻、更敏锐。我没有上过大学，但我每天阅读，反复阅读非常优秀的作品，把它看作是训练的一部分，就像拳击手每天都要练拳击一样。”

她的训练获得了回报。如今八十五六的她是无可争议的世界文学重量级冠军。她最新的作品《小红椅》（*The Little Red Chairs*）获得无数好评，这证明，只要不断磨剑，剑永远不会钝。不过这种素质来之不易。“我是个非常较真的人，执着于细节，我必须如此。如果我比较随和，就写不出那样的书了。”而且这样的生活很孤独。“如果你问我，有伴儿的生活好还是独自生活好，我会说独自一人有利于创作，但会越来越悲伤。在我写作时，没人会照料我的饮食起居。”

这不是抱怨。她是一个聪慧、漂亮，很有魅力的女人，追求者很多。她结过婚，了解婚姻生活。她有两个孩子，她爱他们。从年轻时起她就想以写作为职业，如果让她在文学生活和幸福的家庭生活之间进行选择的话，她会选择文学生活。但是她也承认：“我希望有一个兼职丈夫或伴侣，所以如果你知道某人适合这个角色，请让他来找我。”

她是一个充满热情的女人，在我们的交谈中，她表达了强烈的情感和坚定的观点。她也是一个非常幽默的女人。她警告人们要小心社交媒体的侵扰，“我宁可从那扇窗户跳出去，也不会再玩微博了。”她斥责商业精英的贪婪，“他们对金钱贪得无厌。”如今她有了更多的观点和看法，却认为“应该少说”。她充满活力，敢于挑战，这些优点源自她实现了儿时的抱负，即成为伟大的作家。

因此我们可以说她的建议就是一首人生颂歌，歌颂的是敢于追求年轻时的梦想的人生。

> 每个有雄心壮志的人从一开始就应该始终保持着天真无邪与坚定的信念。对世界上出人意料的事情、令人惊叹的事情、可怕的事情保持开放的态度，但始终忠于你最初的志向。永远不要忘记是什么在激励着你。

尼汀·索尼 （Nitin Sawhney）

英国著名电子音乐制作人，同时也是才华横溢的演员、作家和编剧。

不要被时间、被到目前为止你做过的事情所界定，因为那已经是过去；也不要被你的雄心壮志所界定，因为那是未来。

——尼汀·索尼

讨厌被界定的尼汀·索尼

无论你是要寻找在国际上受到赞誉的弗拉明戈吉他手，还是为你的好莱坞新片寻找电影配乐的作曲家，或是寻找能在皇家阿尔伯特音乐厅（Albert Hall）演奏的钢琴家，为最新的 BBC（英国广播公司）情景喜剧找演员，为夏奇拉（Shakira）的下一次巡演找歌曲作家，或者为法布里克夜总会（Fabric）找一位摇滚乐 DJ（打碟者），尼汀·索尼都是很好的人选。尼汀既是作家、制作人，也是音乐家、作曲家，而且还不止这些，这着实令人惊叹。而且我刚才列举的只涉及音乐方面，如果你遇到难解的数学题、法律问题或会计问题，作为受过专业训练的数学家、律师和会计，他也可以帮你全部搞定。仅用天资已经不足以解释这一切了。

我在他的工作室里，位于布里克斯顿（Brixton）大街的后面，原来是一家乳品厂。到这里之前，我需要经过大卫·鲍伊（David Bowie）的灵坛，他在不久前刚去世。悲痛的悼念文字和大量到灵坛祭拜的人让我意识到，对于很多人来说，音乐就是生命，或者是生命中最美好的部分之一。

尼汀·索尼会同意我的看法的。他讲述了小时候他在家里用力敲击一架旧钢琴如何成为他人生中最快乐的时光之一。“我忍不住不这样做，琴键的叮叮咚咚声就像各种可能性在爆发。我可以听出很多色彩，有非常多的可能的表达方式。”

从年幼时起，他就有很多要表达的东西。

尼汀的童年生活在肯特郡的罗契斯特市，在20世纪70年代，罗契斯特市是民族阵线的中心地区。这里的种族主义情绪很普遍，而尼汀是年级里唯一的亚洲孩子，甚至可能是学校里唯一的亚洲孩子。“针对我的暴力行为和种族主义行为很多，我的日子很不好过，总觉得自己是个外人，但这使我思考了很多。我有表达的需求。”通过那架钢琴，他发现音乐是一种表达的方式。

童年对他的另一个更为积极的影响来自他的妈妈，这有助于解释他掌握的非常多样的音乐方法。他的妈妈是一位印度传统舞者，致力于博采各种艺术形式和音乐类型的特点。她让尼汀认识到不同艺术类型之间的界线都是人们想象出来的，而所有音乐和艺术都是纯粹的表达，不需要对它们进行分类。

在某种程度上，尼汀始终在抗拒人们对他的作品进行分类，而人们这样做只是为了获得安全感。他记得被提名水星音乐奖（Mercury Prize）后，他走进一家唱片店，店里专门有个区域陈列着那年被提名者的作品，只是没有他的。他询问原因，被告知，“尼汀·索尼创作的是世界音乐，所以只在那个区域出售。”又有一次，一位刨根儿问底儿的记者问他“做亚洲先锋音乐（Asian Underground）的领袖”有什么感受时，尼汀回答说，他听不懂这个问题。那位记者一再提出相同的问题，尼汀说：“我向他解释我只是创作音乐，它们既不是亚洲音乐，也不是先锋音乐，无论那些词是什么意思，我不是任何事物的领袖。”那个记者结束了采访并写了一篇文章，认为尼汀令人讨厌，而且是故意这样做的。

尼汀的建议和人生哲学与这些经历有关，我们的社会非常喜欢贴标签和分类，他告诫人们要抗拒这种倾向。

> 不要让别人定义你和你的人生，不要被别人对你的期望所界定。不要被时间、被到目前为止你做过的事情所界定，因为那已经是过去；也不要被你的雄心壮志所界定，因为那是未来。与自己保持和谐一致，在任何时候让真实的自我来界定你自己。找到你打心底认为非常好的事情，去做这些事，那是你所拥有的自由，它能使你毫不动摇地抗拒世界对你的操纵或分类。

尼汀 · 索尼，他真的很难界定、很难描述。

祖·玛珑（Jo Malone）

一位很有天分的香水调制师，在西方有着香水世界女王的美誉，也是其同名护肤、香水品牌的创始人。

我早早地就领悟到，当发生糟糕的事情时，你要么被它们打败，要么奋起抗争。而且只要你抗争，事情总会好转的。

——祖·玛珑

祖・玛珑的精髓

在伦敦碰到大晴天是挺难得的事情，所以我们点了桃红葡萄酒以示庆祝。侍者送来我们点的酒，还送来一杯其他酒的品尝样品。祖·玛珑端起两杯酒，我以为她会逐一品尝，但她只是闻了闻。事后我想，她当然会这样做。

祖·玛珑是世界上著名的香水制造者之一。作为两家成功的国际级香水企业的创始人，大多数人只知道她的名字，却很少了解她的故事。如果用一句话概括她人生故事的本质，那就是："把酸涩的柠檬变成甘甜的柠檬水。"

祖说她出生于贝克斯利希斯（Bexleyheath）的一个工人家庭，自称存在阅读障碍的问题。她可能生来就具有制作香水的天赋，而这部分归功于她的阅读障碍。"我的大脑的工作方式与别人不同，我能够把纹理、色彩转化为气味和芳香。"而她初次涉足美容用品却是因为令人难过的经历。在祖 11 岁时，她的妈妈精神严重崩溃，社工说，如果她妈妈必须住院，她和妹妹就要被送去寄养机构。

祖竟然让社工相信，她可以承担起养家的重任。为了赚钱，她努力回想妈妈在当露华浓女士（Revlon lady）时是怎么做的：在家制作面霜，卖给富勒姆有钱的太太们。于是她也这样做，结果她真的赚到了足够养全家人的钱，直到她妈妈康复。“我早早地就领悟到，当发生糟糕的事情时，你要么被它们打败，要么奋起抗争。而且只要你抗争，事情总会好转的。”

童年时的另外一段经历同样具有关键的影响作用：祖因为偷看朋友的考卷被老师罚站在桌子上（祖的阅读障碍问题意味着她看不懂其中一道题目）。“我感到万分羞愧。她当着全班同学的面说，祖·玛珑，如果你作弊，你这辈子将一事无成。”

在祖讲述这件事时，你依然可以感受到她情绪的变化，虽然那是将近40年前的事情了。“我一辈子都会记得那一刻。我没有心存怨恨，而是用它来鞭策我。我记得当时我望着窗外，心里想‘她错了，我一定会有所成就，我不要待在这里。’”

当然，她的童年不只有这些负面的时刻，还有着对父亲的美好记忆：“他是个有才华的人，但不懂得如何经营家庭。”他的人生围绕着3件事，对祖的成功都很有帮助：他是一位艺术家、市场小贩兼魔术师，祖跟着他从事过所有这些职业。“周六早晨我和他一起去市场，帮他推销他的绘画作品。晚上我是他的魔术师助理。我有一只宠物，是叫‘苏琪’的白色鸽子，爸爸会把它从一盆火中变出来。”这些经历使她学会了零售的技巧，教给她如何用故事和一点点戏法来吸引人，所有这些都是她所创造的万花筒般的感官世界的重要成分。

美好经历和不幸经历的混合影响了祖的世界观。“现在回想起来，每一件事都是有意义的。生活中的任何事都不是浪费，你可以把任何事都变得积极。”

30 多岁时她被诊断患有乳腺癌，这是对她人生态度的终极考验。在听到这个消息的时候，她正穿着美丽的套装，戴着漂亮的耳环，在前往一个迷人的夏日派对的路上。医生说她患的是最糟糕的一种乳腺癌，还能活 9 个月。她的抗争本能没有立即发挥作用，她坐在床上哭泣，两岁的儿子问她怎么啦。

“当想到会离开他时，我一下子充满了抗争精神。我想，‘没人能判定我将什么时候死，我会告诉你我将什么时候死。’”

她很感谢丈夫给她提了一条非常有效的建议。“他让我像创建企业一样抗击癌症，这句话被我牢记在心。我知道如果公司陷入麻烦，我会找最好的律师，所以我去找了最好的医生。”3 天后祖登上了去美国的飞机，她找了最领先的肿瘤专家看病，每 5 天接受一次化疗，持续了一年，那是无比痛苦的 12 个月，但最终癌症被根治了。“在最后一次化疗那天，我穿着当年去参加派对时穿的套装，戴着相同的耳环，我夺回了癌症从我这里夺走的日子。”

抗击癌症显然是她不得不克服的最大障碍，不过谈起出售自己的企业，祖也觉得很伤感。她不仅感受到企业家退出自己的公司时通常能体会到的失落，而且她还失去了继续使用自己名字的权利，因为现在它被新公司所有，她不能再做她最喜欢的事情了：制造香水。那么她做了什么？当竞业禁止合同一终止，她就开始建立她的第二个王国“祖系情人”（Jo Loves），一次制造一种香氛，开一家店。

她的忠告反映了她一生的反抗精神和拒绝被外界环境所左右。她说我们应该记住，我们始终拥有控制力。

> 无论情况多糟糕，它都没有你强大。你始终有3个选择：改变环境，接受环境，或者改变看待环境的心态。你有权选择对你最有利的选项。永远不要让其他事情或其他人的看法主宰你，永远不要。

她在说最后几句话时充满了活力和激情，显然，如果你听取并实践祖的人生经验，你就会赚很多钱。

贝尔·格里尔斯 （Bear Grylls）

探险家、主持人、作家、演讲家，因在探索频道主持节目《荒野求生》而被世界观众所熟知，中国网友习惯称他为“贝爷”。

并不是最爷们儿、最强壮、肌肉最发达的人才会获胜。获胜者是那些照顾他人、在逆境中保持快乐的心情、友善、坚韧、积极的人。

——贝尔·格里尔斯

贝尔·格里尔斯，天生的幸存者

如果你认为前士兵、曾经登上珠穆朗玛峰的世界著名求生专家兼冒险家贝尔·格里尔斯很爷们儿，当兵的经历和许多次与死神的擦肩而过让他变得坚强冷酷，这完全可以理解，但事实不是这样。我不会蠢到说贝尔有点柔弱、多愁善感，尤其是当你坐在他面前时，但是他具有你意料不到的热情和温柔，这不是人们心目中英国陆军特种部队突击队员的典型特点。

贝尔刚刚给几百名教师讲述了他年轻时是如何征服珠穆朗玛峰的（登上珠峰时他 23 岁，两年后在一次跳伞事故中，他脊柱骨折，医生告诉他可能再也无法走路了），以及他的动力和坚韧来自哪儿，我便到后台和他聊了起来。在听他讲述他的冒险经历时，你不会听到他虚张声势：他对成就轻描淡写，把荣誉归在别人头上，他说自己是一个不断奋斗挣扎的人。

在贝尔的世界中，奋斗挣扎没什么不好。事实上，正是因为承受了这些奋斗和挣扎才有了他今天的成功。

“总会有人比你更快、更高、更聪明、更有经验，但在生活中有所收获的人并不一定总是他们，获得回报的是那些顽强的、意志坚定的人，他们不断前进，跌倒了再爬起来，从来不气馁，默默地坚持不懈。”

在一对一的交流中，他依然很谦逊，虽然并不腼腆，但他应该是那种去登山比参加鸡尾酒派对更让他舒服自在的人。首先，他是个爱家的男人。他说的很多话要么与他的父母有关，要么与他努力做他自己有关。把他引入冒险世界的人是他的爸爸，年幼时，爸爸经常带他爬山。贝尔非常喜欢这种与父亲增进感情的活动，可以说父亲是他的领路人。“我第一次发现了自己擅长的事情。我的学习一向不好，但我爬得比任何人都高。”这为他开启了一种从事户外活动和冒险的生活，而且干上了他小时候做梦都想不到的工作。

就像大多数从事危险职业的人一样，他对自己所冒的风险极其尊重。他清楚地表示，他没有“征服”珠穆朗玛峰，“我们没有征服任何事物，我们只是九死一生地登顶，然后活着回来，而其他人没能做到。”他知道有 4 个人在他登珠峰的时候死在了珠峰上。

为了让气氛轻松一些，他讲述了如何骄傲地给他妈妈看他在珠峰顶上拍的照片。在拍摄那张照片之前，他艰苦跋涉了 3 个月，在死亡地带度过了很多天，那里空气稀薄，喘不上气儿来，他知道每一步都可能是最后一步。他妈妈看了一眼照片说：“哦，贝尔，你把头发梳一梳会更好。”

“妈妈就是妈妈。”他说，这段记忆让他笑了起来。

他认为自己之所以能够承受艰难困苦，一部分原因在于他的信仰。虽然他说“在死亡地带里没有无神论者”，但远在珠峰，他每天都要依靠基督教的精神支持。“我知道我不能只依靠自信，我自己还不够强大，培养对比我更强大的事物的信心能够给予我更多力量，所以我每天跪在地上默默地乞求帮助和智慧，忏悔我昨天做过的错事。”

他并不狂热于信仰，而是有着开放的态度。不得不说，这种态度给予了上帝很好的公关机会。当他心目中的英雄之一奥巴马总统为了提升公众对气候变化的意识，来到他的《名人荒野求生》（*Running Wild*）节目时，他不仅教给总统交配时的熊很危险以及喝尿的好处，他还问总统能否和他一起祷告，总统也是一个虔诚、顾家的人，他痛快地答应了。

鉴于他的虔诚以及对待家庭和友谊的态度，所以令人吃惊的是，贝尔有时会因为他的电视节目而受到批评，有人指责他的节目推崇大男子主义，推崇流血、流汗、流眼泪。他没时间理会这些负面评价，他说如果那些人认为这就是他的节目给人的启示，他们便遗漏了核心要点。他说事实上他的节目反复体现的正是他所提出的最有益的忠告。

> 并不是最爷们儿、最强壮、肌肉最发达的人才会获胜。获胜者是那些照顾他人、在逆境中保持快乐的心情、友善、坚韧、积极的人。这些特点不仅有助于你生存，而且使你能够享受生命。这与性别无关。获得成功的人是那些走得更远一些的普通人，他们比要求的多付出一点儿，他们多活了5%。

丹比萨·莫约 （Dambisa Moyo）

赞比亚裔国际经济学家，《援助的死亡》一书的作者。

努力工作、克制、专注，不断进步。记住，有很多与你相似和不相似的人在支持你，希望你坚强，去证明那些怀疑者错了。

——丹比萨·莫约

丹比萨·莫约的教育

如果你想找一个能够说明教育的改变力量及非洲无限潜能的典范，那很难找到比全球经济学家兼畅销书作家丹比萨·莫约更合适的人选了。丹比萨·莫约在后殖民时期的赞比亚出生并长大，40 年后她成为持有剑桥大学博士学位、哈佛大学 MBA（工商管理硕士）学位的巴克莱银行（Barclays）的董事会成员，被《时代周刊》（*Time*）评为“世界最有影响力的 100 人”之一，她出类拔萃，风格犀利，有足够的能量推动非洲的发展。

她非常清楚自己如何一步一步从那样的出身走到今天。“我人生的关键是有机会上学。”接下来她解释了这句话的背景：“我没有出生证明，因为我出生的那个时候，不给黑人发出生证明，所以你可以想象没人重视像我这样的女孩上不上学。”但是她的父母看法不同，虽然他们出生在一个禁止黑人上学的国家，但他们知道让丹比萨受教育非常重要。“他们说，你必须上学，虽然我们不知道上学是什么样，但你必须去上学。这彻底改变了我的人生轨迹。”

她对非洲的学校教育心存感激，这也是她为什么要努力改变人们对非洲的误解，人们认为非洲人懒惰，只依赖援助。“在加勒比群岛中，90%进入美国常青藤盟校的黑人来自我所在的大陆。非洲被看成是充满腐败、疾病、贫穷和战争的大陆，但大多数进入常青藤盟校的黑人来自这块大陆。小时候我在非洲受到的教育比我认识的很多西方人受到的教育还好。”

她担心西方社会无意中出现了种族间的分离，黑人和白人虽然生活在同一个城市，但越来越井水不犯河水。“我刚在梅费尔区（Mayfair）吃了个商务午餐。那里有6个人，我是唯一的黑人，唯一的女性。我认识那些人，我可以非常肯定地说他们不是种族主义者。但是我看着四周，心里想：‘哇，这是2016年的伦敦，如果不是我在这儿，房间里一个黑人都没有，一个女人都没有。’”

她很清楚赤裸裸的偏见依然存在，哪怕是在21世纪。她平静地讲述了作为被新任命的董事，第一次参加一家全球性大公司的年度股东大会时发生的令人震惊的故事。她和董事会其他12位董事坐在台上，那12位董事碰巧都是白人男性。台下的一个女人发难道：“我想知道那个女人凭什么进入董事会。”董事会解释说所有董事会成员都才华出众，但那位女士很激动地说，你必须回答我的问题，她有什么资格。丹比萨的一位同事很快指出：“她有剑桥大学的经济学博士学位，有哈佛大学的硕士学位，曾经在高盛投资公司（Goldman Sachs）工作了10年。你还有什么话？”

我问丹比萨，有人认为她不配坐在那儿是否在某种意义上就是隔离她。“作为少数族裔，你每天都会面对这样的事情。你学会了不去回应它，不让它界定你。所以我只是坐在那儿，心里想：‘你看，女士，我很好，你不需要操心我和我的资格问题。’”当我从台上走下来时，两位男性董事对我说：“谢天谢地，幸好他们没有问我们的资格。”其中一个说他甚至没上过大学。

充满期望以及对非洲、对女性、对黑人长期的无知臆断经过几十年的混合，构成了她深刻而根本性的建议的背景。

> 我知道这听起来有点陈词滥调，但我每天都会看着镜子对自己说，我要走出去面对它们，不要因为有人说或有人认为只因为我是个黑人女性，所以不可能成为什么或不可能做成什么，我就缩成一团，不敢出去。这很难，但你必须这样做。努力工作、克制、专注，不断进步。记住，有很多与你相似和不相似的人在支持你，希望你坚强，去证明那些怀疑者错了。

米基·哈特 （Mickey Hart）

美国音乐家，曾任感恩至死乐队鼓手。

找到你的节奏，按照它的节拍去生活。

——米基·哈特

米基·哈特的节奏

杰出的人通常非常专注，这种专注针对相关的领域，但是我真的认为没有人比米基·哈特更专注了。他是感恩至死乐队（Grateful Dead）的鼓手，这是一支成立于20世纪60年代的非常有创意的迷幻摇滚乐队。米基的作用就是把握节奏，他完全沉浸其中。

在我们的人生道路第一次相交时，我先闻其声，后见其人。当时是在危地马拉高地一块偏远的地方，我听到了从僻静的角落里传来敲击的声音和萦绕不去的呜咽。

我好奇地循声而去，看到米基盘腿坐在地上，闭着眼睛，轻轻地在火堆旁摇摆。4个玛雅巫师吹着、摇动着、击打着传统的仪式乐器，1 000年来玛雅人在这些雨林覆盖的大山之间制造出同样的古老节奏和声音。米基在感受着它。

他飞到这遥远的地方，和巫师们一起即兴演奏，他永不停息地寻找着新的声音和节拍。这就是他所做的事情，他制造节奏。

让我们来具体看一看，米基在家里建了一个特殊的实验室，他坐在实验室里，头上戴着特制的节奏头盔，它连着一台核磁共振成像扫描仪，可以测量在听到他演奏的不同节奏时，大脑产生的反应。米基还曾经与美国航空航天局合作，倾听宇宙的节奏，录制来自遥远星系的节拍和隆隆声，他把大爆炸形容为“第一个音符，是宇宙的第一拍”。这真的是非常广阔、非常出色，而且都是严肃认真的尝试。最近他和医生合作，研究不同节奏对疾病的影响：是否某种频率能够影响不健康的细胞，帮助它们康复？如果有人能找到这样的频率，那这个人一定是米基。

因此你不会觉得他的建议令人吃惊。

> 如果让我提一条忠告，那会是：生命就是节奏。你的心跳、性爱、季节、你多长时间给父母打一次电话、状态好的日子与状态不好的日子的交替、DNA（脱氧核糖核酸）、宇宙，一切都有节奏。你必须培养敏锐的耳朵，来倾听这些节奏。越多地去尝试聆听生命的节奏，你就会越多地听到它。找到你的节奏，按照它的节拍去生活。

不过现在他正和玛雅巫师在一起，他们依然仿佛入定般地演奏着，召唤着祖先、鬼神。米基很尊重巫师和他们的传统，但他是个完美主义者，在他听来，有些东西不太对，有些东西有点怪，那东西就是海螺壳，更准确地说是吹海螺壳的方式。米基知道一种更好的方式，他停下来，通过翻译解释问题的性质，瞬间改善了持续了 5 000 年的方式。巫师们看起来颇受震动。

克莱尔·鲍尔丁 （Clare Balding）

英国知名体育电视节目主持人、作家、记者和业余赛马师。

曾经有很多老派的报纸评论人写道，“她很野心勃勃”，就好像作为一个女人，有野心是件坏事似的。但是我想，“说得太对了，我就是野心勃勃，我为什么不能野心勃勃？难道我应该甘居第二吗？”

——克莱尔·鲍尔丁

和克莱尔·鲍尔丁讨论词汇

我刚刚被称为“β男”（非领袖型男人，属于追随者）。我和克莱尔·鲍尔丁在一起，我们谈论着性别平等，她说β男的增加是一件好事，同时用赞许的目光看着我。我不确定被看作β男是一种什么感受。不过我觉得自己心底里是喜欢这个评价的，如果是这样，便基本上证实了她的推断。这样她就应该是“α女”，至少在这次对话中是这样。

当然，论及主持，克莱尔·鲍尔丁肯定是第一，没人比得过她。她曾报道过6次奥运会、5次残奥会、3次冬奥会、两次温网公开赛和无数次赛马，主持过无数电视节目和广播节目。此外，她还写了非常畅销的自传，经常做演讲，最近又出版了一本童书。你可以感觉到她是一个雄心勃勃的女人，像她采访的运动员一样勤奋努力。

当我说出“雄心”（ambition）这个词时，她思考了一会儿。“这很有意思，曾经有很多老派的报纸评论人写道，‘她很野心勃勃’①，

① “ambition”既有雄心勃勃的意思，也有野心勃勃的意思。雄心勃勃带有褒义，野心勃勃带有贬义。——译者注

就好像作为一个女人，有野心是件坏事似的。但是我想，‘说得太对了，我就是野心勃勃，我为什么不能野心勃勃？难道我应该甘居第二吗？’”

性别歧视对克莱尔来说不是什么新鲜事。可以说从出生那天起她就面临着性别歧视。“我奶奶看了一眼躺在婴儿床里的我，对我爸爸说：‘哦，是个女孩，没关系，你们继续努力。’”这为克莱尔的家庭生活设定了基调，她经常被告知女人不能做某些事情，应该采取怎样的行为方式。幸运的是，它们起了反作用，她一直在证明这些说法都是错误的。

对同性恋身份的恐惧是她成长过程中的另一种背景。“很多人在社交媒体上攻击我，他们骂我是‘dyke①’。”她挣扎了7年才敢和父母公开自己的同性恋身份，因为“我非常担心由此而来的耻辱感，但最终我醒悟了，我才是造成耻辱感的同谋”。她建议同性恋者应该尽早“出柜”。“隐瞒下去不是在保护你的自尊，也不是在保护其他人，而是在保护偏见。你应该感到骄傲，而不是羞愧。”她乐观地相信世界会越来越接受同性恋、双性恋和变性者。她还讲述了最近和她5岁的外甥女的一段甜蜜对话。“她对我说，‘你结婚了，对吗，克莱尔姨妈？’我说，‘是的，我结婚了。’她说，‘那么女孩可以和女孩结婚，男孩可以和男孩结婚吗？’我说，‘是的，可以。’她说，‘嗯，这很好，不是吗？’所以对这代人来说，同性婚姻会是很正常的事。”

除了乐观和雄心勃勃之外，你会感觉到她还是一个永远兴趣盎然

---

① 英文中“dyke”这个单词指女同性恋者，且常含冒犯之意。——编者注

的人。事实上她提出的主要建议之一是："你所做的每一件事都是一个学习的机会，每个人都有故事可讲。如果你认为某人无趣，那是因为你问错了问题。"她天生好奇心强，所以涉及调查研究、采访和主持的职业非常适合她。

她对工作非常认真，获得过各种主持方面的奖，因此很受尊敬。在她看来，她的工作就是要让观众在家里体验到她在现场获得的体验。"差不多就是创造一种不戴眼镜的虚拟现实。"克莱尔认为，为了达到这种效果，你必须放弃自我：重要的不是主持者，而是在你周围发生的事情。还有一个重要的事情是词汇量，你需要快速构造出使人仿佛身临其境的句子。她的窍门是阅读大量的文学作品，尤其是诗歌，所以她可以信手拈来，把看到的场景描绘得活灵活现。

她提供的最有价值的忠告与词汇有关，尤其与形容词有关，这或许是个巧合。

> 在生活中，我们看起来的样子、我们的性别、性征、宗教或种族并不能说明我们是谁，能够说明我们是谁的是我们的行为方式和我们对他人的影响。最好用形容词来描述我们对他人的影响。我问自己："我想成为什么样的人？"用形容词，不要用名词，比如用善良、健康、雄心勃勃怎么样？这样的思维是否使我获得了更多成果，拥有了更令人满意的人生？我想是的。

这是一种新颖独到的思考个人成长的方式，这让我不禁要问：β是个形容词吗？

南希·霍兰德（Nancy Hollander）

美国著名律师，曾作为关塔那摩监狱中两名囚犯的代理律师，将美国政府告上法庭。

无论你做什么，都要有目的。一次有效的踢腿，一次有效的出拳，胜过20次没有目的的进攻。如果你不是认真的，就不要说、不要做。

——南希·霍兰德

柔道律师南希·霍兰德

我正和歌利亚的强硬对手大卫[①]一起喝薄荷茶。不过这个大卫并不像我预想的那样：首先，这个大卫是个女人；其次，她是个美国人；最后，她很娇小，而且72岁了。

你可能没有听说过南希·霍兰德，这对你来说可能是件好事。她是美国刑事辩护及公民权利律师，只有陷入麻烦时，无论是正当的麻烦还是不正当的麻烦，你才会结识她。但是如果没有她，我们不会对关塔那摩监狱发生的事件有那么多的了解。

南希·霍兰德是关塔那摩监狱中两位囚犯的代理律师，而这个监狱是美国在布什总统任期时在海外建成的。监狱的目的似乎不只是囚禁有嫌疑的恐怖分子，而是要无限期、无理由地扣押他们、折磨他们。这直接违反了美国宪法和人权。南希对法律高于政府有着深刻的认识。她代表当事人和美国政府打了14年的官司，要求政府遵守自

① 歌利亚是西方传说中的著名巨人。《圣经》中记载，他作为腓力士将军，带兵进攻以色列军队，因为力大无穷，所以无人敢应战，最后却被牧童大卫所杀。——编者注

己国家的法律。这是一场旷日持久、非常艰苦的法律之战，但她正开始取得胜利。

她是一位杰出的谋略家，成功地为她的当事人穆罕默德·乌尔德·斯拉希（Mohamedou Ould Slahi）夺回了权利，出版了他的《关塔那摩监狱日记》（*Guantánamo Diary*）。这是一本回忆录，记述了作者在被关押的14年中经历的非常规引渡、隐秘的关押地点、野蛮的殴打、折磨和性虐待。这本书读起来让人不舒服，尤其是令美国政府不舒服。公众的震惊和愤怒情绪不仅使大家去关注虐待本身，而且把注意力投向了关塔那摩监狱的现实状况。在没有被判处任何罪行的情况下，甚至在关塔那摩前首席检察官公开表示没有证据显示穆罕默德实施过针对美国的恐怖行为之后，他依然在关塔那摩监狱被关押了10多年。

他的案例体现了南希一直以来与之斗争的违法行为。

在这个案例上她的斗争是成功的：在将近10年之后，这本书被出版了，政府同意释放穆罕默德，尽管还没给出具体的释放日期，她还要继续为之努力。

在交谈中，南希非常注意正当的法律程序。她不会透露有关当事人或当事人被关押情况的任何应该保密的信息，哪怕这些信息已经在公众中流传开来。她不会做任何使美国政府有机会危害她或她至今所取得的成果的事情。在正式程序之外，她所做的唯一的事情是在她的西服翻领上别了一个金属的袋鼠徽章，这是对“袋鼠法庭”① 的无声

① 袋鼠法庭即指非正规的法庭，也指一些被认为是不公平的法庭审判或者裁决。——译者注

抗议。她的当事人面对的就是这样的司法审判。

20世纪50年代，她在得州长大，从小就耳闻目睹了不公正。10岁时，她在课堂辩论中支持布朗起诉教育委员会的案子，布朗认为在公立学校中隔离黑人和白人违反了宪法。老师给她的父母打电话，说她的激进令人担心。她的父母是“左翼知识分子”，因此支持她的做法。17岁时，她在大晚上跟着芝加哥的警察巡逻车，拍摄警察打人的照片。她因为和平抗议曾被3次拘捕，穷尽一生为人权而战，无论这些人做过什么或没做过什么。她是个娇小的女人，但她不畏强权，坚决斗争。

通过交谈，我发现南希是一位习武者，尤其是柔道。她将柔道老师教给她的原则用于抗击比她更强大的对手。

> 无论你做什么，都要有目的。在武术中我们称为“一加一”：一次有效的踢腿，一次有效的出拳，胜过20次没有目的的进攻。如果你不是认真的，就不要说、不要做。不要用大喊大叫的方式做斗争，要用头脑，用有力的论据，站稳你的立场，保持你的核心，也不要违反法律和规则，这样他们就无法攻击你。最后的诀窍是吸收并引导对方的能量，借力打力。

她为此付出了不小的代价。她被舆论指责同情恐怖分子，甚至直接被称为恐怖分子，只因为她坚持认为政府应该遵守自己的宪法，公平地执法。她说对她批评最猛烈的人要么是布什管理集团内部的人，要么是与这个集团有关系的人。他们伪造报告、放任刑讯、签发非常规引渡协议，因此违反了法律，有朝一日他们可能会非常需要她的服务。她说这真是太讽刺了。

确实是借力打力。

裘德·洛（Jude Law）

英国演员、制片人、导演，代表作有《冷山》《神奇动物：格林沃德之罪》。

如果你要迟到了，那就享受迟到吧。

——裘德·洛

裘德定律

我们见面那天，裘德·洛的时间用完了。不是说他的生命到头了，而是停车计时器上的时间到了。为了避免找零钱和重新停车的麻烦，我们决定坐在他的车里聊，把车停在沙夫茨伯里大街（Shaftesbury Avenue）的路边，像是穷人版的《车上卡拉 OK》（*Carpool Karaoke*）。

我们聊了各自的童年。我说我在哈德斯菲尔德（Huddersfield）长大，让我吃惊的是，裘德说他要到那里度周末。我的家乡可不是国际电影明星经常会光顾的地方，所以我问他是什么吸引他去那儿的，他解释说要去见一个叙利亚小男孩的叔叔。裘德走访法国加来临时的难民集中营“丛林”时，与小男孩成了朋友。在从非洲逃亡出来的过程中，小男孩的妈妈、爸爸和兄弟姐妹相继离开人世。裘德支付了相应的法律费用，帮助他离开难民营，投入他唯一的亲人的怀抱，那就是住在哈德斯菲尔德的叔叔。

裘德为了那个小男孩，多次前往“丛林”难民营。而如果不是意想不到的巧合，他根本不会提起这件事，这使我们能够更好地了解银幕之外的他。

事实上，裘德长期以来在支持重要的社会事业上付出了很多。之前他曾和和平一日组织（Peace One Day）前往民主刚果和阿富汗，也参加了努力达成塔利班与美国军队之间24小时停火协议的行动。在由此达成的短暂停火期间，10 000名医疗工作者行动起来，为140万儿童完成了疫苗接种。

他从舞台灯光中走出来，进入艰苦的地方，踏踏实实做成了一些事，他想让名气变成更加有意义的东西。“我完全无意自比约翰·列侬（John Lennon），他是我的英雄，他曾说：‘如果你把摄像机对准我的脸，我就会说些事关重大的话。’让人们关注重要的事情是媒体和名气的价值。”他还说如果他只是过着电影明星的生活，出入五星级酒店，总是受到贵宾的礼遇，他会“充满内疚感”。从本质上看，他怀有对世界的好奇心，渴望尽可能多的体验不同的方面。他真心地会这样想：“你为什么不想去这些地方？”

他给想做演员的人的建议也反映了这种思想，那就是为了自己而去体验生活。“有机会做演员是莫大的幸运，你一定要出于正确的原因：因为你喜欢这件事，喜欢这个过程；因为你喜欢表演，哪怕没有报酬。你必须能从这样做中获得快乐，因为如果你没有交到好运，那会发生什么？”他说正是对事物本身的热爱使你保持头脑清醒，如果你因为其他原因做这件事，“它很快会变成一门生意，你需要保持最初的热情，否则你会迷失。”

当我让他说一句他认为最有益的至理名言时，我们再次谈到了他的童年。他说他最喜欢的建议是他爸爸在他小时候告诉他的：

如果你要迟到了，那就享受迟到吧。

他的建议表达的是字面的意思：如果你迟到了，与其惊慌紧张，不如享受它带给你的额外时间。不过作为对生活更广泛的隐喻，这条建议提醒他“活在当下，享受当下，无论是什么时刻，做应该做的事”，无论是在难民营里、酒吧楼上的出租房里，或是在最新大片的片场。说完这些，他必须走了，他要迟到了。

琼·贝克维尔（Joan Bakewell）

英国著名主持人、作家、英国国会上议院议员。

晚上躺在床上睡觉前，回想这一天，如果你觉得过得不好，那么第二天醒来后你应该做出一些改变。改变的可能是你的想法或态度，可以是辞职或离婚。它可以是任何改变，但一定要改变。

——琼·贝克维尔

和琼·贝克维尔说说私房话

83 岁的琼·贝克维尔是很受欢迎的 BBC 主持人、作家兼英国国会上议院议员。她是一个没时间变老的女人，她不仅忙到没时间关注这个问题，而且原本就抗拒变老这个概念。“我不认为有所谓的垂暮之年。每天都是 24 小时，每小时都有 60 分钟，无论你 12 岁、20 岁、40 岁或 80 岁，时间的数量都一样。你的白天和其他人的一样长，这完全在于你怎么度过。”

我们是在她藏书丰富的家里进行这番谈话的，她家位于伦敦北部一个绿树成荫的广场一角。她家到处都是书。“我知道，我的书实在不少。”她告诉我她有个解决办法，每个周六和周日，她会把一箱子看过的书放在屋外，让路过的人自取所需。这个解决办法和她传播观点、呈现事实的职业也匹配。

通过谈话，琼会给人留下这样的印象，她能够根据自己的意愿协调好事物的两个方面。她说每个人都有两种生活：内在生活和外在生活。“当你独自散步或静静地坐着或聆听一段音乐时”，内在生活就活跃起来。“当你跟世界打招呼，告诉世界我在这儿，我在做很多事情，来看我做这些事情”，这时的生活就是外在生活。她认为比较好的做法是“让内在生活领路，让外在生活符合内在生活”。

她特别谈到了“内在的预感”，也就是深层的强烈欲望，它引导我们发现能够带来最大满足感的事情。“人们找工作时会关注工作时间和报酬，但这些与你觉得自己过得如何没有关系，真的没关系。”她说如果我们追随自己的直觉，人生会更丰盈。

我们一定要仔细倾听这种内在的、沉静的引导，为此她建议专门设置倾听这种声音的时间和空间。她告诉我，她刚刚从只有一个卧室的农舍回来，她独自在那里待了一个月，写作、独处。“在那里时，我的社交生活就是走到花园尽头的小溪边。大多数人的生活被各种活动填得满满的，所以一些独处的时光会非常有益。”在这样的时光里，“你的头脑中会产生不同寻常的想法，如果不是因为独处，你根本不知道自己会有这些想法，它们类似于白日梦、幻想、野心。它们来自语言无法描述的地方，找到回归那里的道路非常重要。一旦你开始用语言表述这些想法，便已经失去了一些选项。”

听到一个靠口才生活的人建议回归到前语言的、沉默的状态确实令人有点吃惊，但她说这是她认识的富有创造力的人所共同具有的特点。她相信每个人都应该专门安排时间让想法沉淀、发酵、升华，这样每个人都能从中受益。“大多数问题的答案已经存于人们自己的内心，只要给予机会，他们自己就能感知这些答案。”

与内在向导的重要性相反的是，她提出我们也要保留批评要素。不要自欺欺人，你需要非常清楚自己能做什么，不能做什么。在某个时刻，你还必须采取行动。她没有建议人们把后半生用来做白日梦。

她提出的建议反映了这种人生观，这也是她经常给自己孩子的建议。

> 晚上躺在床上睡觉前，回想这一天，如果你觉得过得不好，那么第二天醒来后你应该做出一些改变。改变的可能是你的想法或态度，可以是辞职或离婚。它可以是任何改变，但一定要改变。不要只是把天不时、地不利、人不和延续下去。你需要倾听内心的声音，然后按照它采取行动。

这个建议接近她最早提出的关于年老的观点：如果你滋养内在自我，遵照它采取行动，那么“你可以像年轻时一样富有成效、富有创意。只有当你觉得自己老了时你才真的老了”。

她说在这方面她的邻居罗伯特·普兰特（Robert Plant）给了她意想不到的启发和鼓励。“他真了不起，非常富有成效，而且他看起来也极棒，就像米克·贾格尔（Mick Jagger）一样，非常健壮，有着很漂亮的头发，你在他身上完全看不出垂暮之年的迹象。”

不得不说，在琼·贝克维尔身上也完全看不出垂暮之年的迹象。

艾哈迈德·卡特拉达 （Ahmed Kathrada）

和丹尼斯·戈尔德贝格 （Denis Goldberg）

两位均为南非反种族隔离斗士，曾因破坏南非白人群体政府而被囚禁20多年，是纳尔逊·曼德拉的亲密“战友”和“狱友”。2017年3月28日（本书英文版出版一年后），87岁的艾哈迈德·卡特拉达在约翰内斯堡去世。

正义之战终会取得胜利，无论付出什么代价。

——艾哈迈德·卡特拉达

自由战士，艾哈迈德·卡特拉达与丹尼斯·戈尔德贝格

我走进梅菲尔酒店（Mayfair Hotel）的房间，采访艾哈迈德·卡特拉达（绰号“凯西”）和丹尼斯·戈尔德贝格，他们是纳尔逊·曼德拉的两位自由战士。他们经受住了考验，和曼德拉一起入狱近 30 年，从事过艰苦的劳作。我首先注意到的事情是酒店房间的床不是很宽敞。

“这床比罗本岛（Robben Island）监狱里我们睡了 27 年的床宽大多了。”

简单的一句话让人想到他们为结束南非的种族隔离制度而做出的巨大牺牲。

除此之外，他们还见识了人类对彼此所能做的最恶劣的行径——酷刑、暴力、杀害亲友、不公正的关押、单独监禁、与家人分离了近 30 年（丹尼斯的妻子在丹尼斯被囚禁期间只被允许探视他两次）。

尽管遭受种种虐待和不幸，他们却从未退缩。年轻时他们就发誓要推翻种族隔离制度，在后来的 60 年里，他们把醒着的每时每刻都用来做这件事。

那么这份对事业的奉献精神，对艰苦的承受能力来自哪里？

凯西还记得触动他的那个时刻。第二次世界大战结束后，22岁的他来到奥斯威辛。那里的情况令人惊恐不安（地上依然能看到四处散落的人骨），他顿时领悟到一个黑暗的真相："站在那里，我意识到种族主义符合逻辑的结果就是种族灭绝。我明白我们必须结束种族隔离制度，避免同样的事情发生在南非人民身上。"在有了这些所见所感之后，就意味着他决心开始战斗，永不放弃。

了解人类争取自由的历史也有助于他们下定决心。丹尼斯是个白人，他讲述了小时候具有社会意识的父母不仅让他一定要尊重来到家里的每一个人，无论肤色，而且给他讲过甘地领导的争取印度独立的运动、不太著名的德国抵抗运动以及几百年来南非当地人民反抗英国殖民者的斗争。这些反抗压迫者的抵抗故事激励了他，使他懂得为自由而战不仅是值得的，而且最终会取得胜利。

他们非常了不起，他们的叙述中没有对60年来所付出的巨大代价的愤愤不平，时不时还会幽默一把（你们如何克服监狱中的艰苦条件？"我们可以进行大量练习。"），他们的活力和斗争精神依然熠熠发光。

在我们见面之前的那个早晨，丹尼斯受到邀请，去唐宁街10号与戴维·卡梅伦（David Cameron）会面。丹尼斯对首相的开场白是："凶残的大英帝国打算什么时候停止对南非的蹂躏？"

在两个人中丹尼斯更热情、更激进。从某种意义上说，他的故事更引人注目，因为他是一个为结束种族隔离制度而战的白人。这是前所未闻的，意味着他被自己的群体所排斥，而其他斗争者不会遭遇这种情况。不过他们都为自由之战付出了相同的代价：终身监禁。

事实上，他们对更糟的结果也有心理准备。在臭名昭著的瑞佛尼亚（Rivonia）法庭审判（1963—1964）中，丹尼斯、凯西、纳尔逊·曼德拉、安德鲁·姆兰格尼（Andrew Mlangeni）及其他反抗南非种族隔离暴政的人接受了审判，每个人都以为他们会被判死刑。从一开始从事这项事业时起，他们就知道死亡是最有可能的结果。

纳尔逊·曼德拉陈述了3个小时之后，最终的裁决令所有人震惊：终身监禁。丹尼斯的妈妈耳朵有点聋，她在旁听席大喊："什么？判决是什么？"丹尼斯答道："是生命，生命很美好！"这个回答不仅显示了他的坚韧，也体现了他的无比乐观。

当想到经过20多年极其艰苦的监禁生活之后他们才获得此刻的自由和轻松，我不禁喉头一阵哽咽。可以理解的是，他们更愿意回味结果，而不是过程；更愿意回味胜利，而不是战斗。

所以我问他们是如何取得成功的，是什么促使了种族隔离制度的结束？他们非常清晰地谈到了4个要素：武装斗争，这意味着政府把越来越多的钱用于打击自己的人民，等于是在自我毁灭；他们自己，他们是这场运动的名义领导者，受到了不公正的对待，成为政治犯；国际上的休戚与共，各国政府和民间组织联合抵制南非当局，表明了对种族隔离制度的坚决反对；最后是南非人民的斗争——联合民主阵线（United Democratic Front）、工会、民间组织，南非人民团结起来进行抗议，反对种族隔离制度。

凯西指出，在4个要素中，最重要的是大规模斗争。正如纳尔逊·曼德拉在监狱中对司法部部长所说："南非可能会发生流血事件，最终人民会取得胜利，或者通过谈判来解决。”在大多数人民的抗议和要求改革的强大压力下，政府终于让步了。

我问他们，如此非凡的人生带给他们的启示和经验是什么，他们的回答是我听到的最深刻的回答。

丹尼斯的回答是：

> 我想引用纳尔逊·曼德拉说过的约翰·斯图尔特·米尔斯（John Stuart Mills）的话，“挣脱自己的锁链还不足以称为自由，只有尊重并提升他人的自由才是自由。”这和德斯蒙德·图图（Desmond Tutu）大主教所说的乌班图（Ubuntu）是相同的理念。因为社会中的其他人，我才是我。从根本上说，我们都是人类，这才是一切的关键。

凯西声音轻柔但明确地说出了他的真理：

> 正义之战终会取得胜利，无论付出什么代价。

这是他们的领悟。

莉莉·艾伯特 （Lily Ebert）

奥斯威辛集中营幸存者。

充分利用你所拥有的事物，无论它是多么少得可怜。我会尽可能慢地吃这片面包，把一些面包藏在胳膊下面，留着早晨吃。这帮我活了下来。

——莉莉·艾伯特

莉莉·艾伯特，奥斯威辛集中营的幸存者

“我们没有被视作敌人，我们没有被当成人，在纳粹眼里，我们只是蟑螂。他们把杀害我们变成了工业化的事情。”我和莉莉·艾伯特坐在伦敦北部大屠杀幸存者中心的一个安静的房间里交谈着。这里是世界上第一个大屠杀幸存者中心。莉莉桀骜不驯、能言善辩，但在讲述在奥斯威辛集中营里的经历时，她停顿了很多次。70 年过去了，可人类最可怕的种族灭绝事件依然令人痛彻心扉。正如莉莉所说：“有些事情很难表述清楚，那是无以言表的。”

在回忆被运送到奥斯威辛集中营的经历时，她说“死去的都是幸运儿”：在炎热的夏日，几百人被塞在运输大牲畜的火车车厢里，5 天没有水和食物，周围都是撑不下去死掉的人。莉莉讲述了在火车到达之前，她妈妈做的最后一件事：她让莉莉和她交换鞋子。妈妈的鞋跟里藏着一小块金子，那是他们家最后的财产，这被称为妈妈的直觉。当他们抵达奥斯威辛后，“死亡天使”门格勒医生（Dr Mengele）把所有人分成两组：左边的一组被直接送进毒气室，右边的一组留在集中营里等着慢慢饿死。莉莉对妈妈、弟弟、妹妹最后的记忆是看着他

们被推到了左边。

在集中营里，莉莉和另外两个妹妹被扒光，换上破旧的衣服，一天只能吃到一片面包，破板子拼凑的房子里塞了满满的人，数量是应该住的人数的 10 倍。党卫军每天都会对他们进行“挑选”，被认为不适合进行劳作的人会被送去隔壁的火葬场。

莉莉说最糟糕的事情是火葬场散发出来的可怕气味，那是一个像工厂一样的建筑，有烟囱，一天 24 小时不停地冒烟。她问集中营的一些同伴，那个工厂是做什么的。他们说那不是工厂，是焚烧犹太人的地方，从那个烟囱冒出去是离开奥斯威辛集中营的唯一途径。“我们不相信他们的话，说他们一定是疯了，但很快我们发现那是真的。”

在这地狱般的经历中，莉莉发誓如果她活了下来，一定要用余生告诉人们奥斯威辛集中营发生的事，避免这样的历史重演。她兑现了承诺，至今她已经讲述了上千次自己的故事。照顾两个妹妹的使命感和责任感给了她活下去的理由，否则在奥斯威辛她宁可死掉。

她想传递的忠告之一也建立在这个背景下：“始终抱有一线希望。我像所有人一样非常消沉过，但我活下来了。我曾经差点饿死，可 70 年后，我受到女王的接见，被授予不列颠帝国勋章。所以无论情况多糟糕，尽力而为，永远不要放弃。”

不过她最宝贵的忠告是：

> 充分利用你所拥有的事物，无论它是多么少得可怜。

通过回忆每天靠一片面包生存下来的经历，她对此做出了鲜活的解释。“集中营里的有些人不能很好地利用它，他们会一下子把面包吃掉，梦想着还会有其他吃的，但什么都没有。他们就是那些没有挨过来的人。我会尽可能慢地吃这片面包，把一些面包藏在胳膊下面，留着早晨吃。这帮我活了下来。”

在我们的会面要结束的时候，莉莉骄傲地给我看她脖子上挂的一个小金吊坠，获得自由之后，她每天都会戴着它。她说这就是妈妈藏在她鞋里的那块金子，在奥斯威辛集中营里她一直设法把它藏好。

我思考着这块金子和它的主人所看到和所承受的事情——饥饿、严酷的条件、人类最残忍的一面。但是这也让我想到一个小问题：如果在集中营里她失去了这双鞋，那么她会如何保存这块金子？莉莉眼中闪耀着胜利的火花，她说：“我说过，你必须充分利用你所拥有的事物。我唯一拥有的就是一片面包，所以每天晚上我会把金子藏在面包里，他们永远也发现不了。我比他们聪明。”

莉莉·艾伯特就是一块金子。

理查德·柯蒂斯（Richard Curtis）

新西兰编剧、导演、演员，代表作有《四个婚礼一个葬礼》《诺丁山》。

每个人都不应该低估自己改变其他人生活的能力。我们在这里做的事情与那里发生的事情之间存在着直接的因果关系。如果你想帮忙，一定要实际做些事情。你不能只是说说。

——理查德·柯蒂斯

理查德·柯蒂斯，令人心碎的天才

如果奥斯卡有最佳人类奖，理查德·柯蒂斯一定会被提名。这不是因为他写的剧本给观众带来了很多欢乐，比如《四个婚礼和一个葬礼》（*Four Weddings and a Funeral*）、《诺丁山》（*Notting Hill*）、《真爱至上》（*Love Actually*）等，而是因为他是欢喜救助会（Comic Relief）、红鼻子日（Red Nose Day）、让贫穷成为历史（Make Poverty History）和现场八方（Live 8）等时代标志性社会倡议的联合创始人、领导者或主要倡导者，并十年如一日地为之奉献。在把发展援助和慈善变成社会主流的一部分上，他的贡献无人能及。

我对这个无比优秀崇高的人的建议寄予了厚望，尤其是他说他提前思考了这个问题并且把他的人生智慧写了下来时。“这就是，”他边说边打开了皮面的笔记本，往前坐了坐，清了清喉咙念道：

“不要让你妈妈给你理发，这很重要。”

合上笔记本，他重新坐回去。

他不完全是在开玩笑。“我妈妈给我理过一次发，我有3个星期没有跟她说话。”这段回忆引出了以下的见解。“如果你是当妈的，不要给你的儿子理发，他会恨你的。”

不只是理发方面的建议源自童年，他人生中大多数重要的特质都与早年经历有着千丝万缕的联系。他承认之所以写了这么多爱情影片的剧本，“是因为大学时曾经为爱心碎”，他把“倒霉的伯纳德”（Hapless Bernard）写进每部电影里，这是用玩笑的方式来报复曾经抢走他女朋友的那个男人。

更重要的是，正是在年轻的理查德为爱情感伤的时候，他爸爸的一番话改变了他对人生的看法。“我爸爸给我讲了他自己 18 岁时的生活，他没有父亲，为了挣钱，在一艘轮船上打扫厕所。把他的生活和我当时的生活比一比，我很快就从失恋的痛苦中恢复过来。这使我开始全面地看待自己的问题和别人的问题，并一直保持着这样的视角。”

来自他爸爸的另一条至理名言同样对他的人生影响很大：“他总是说你不能比快乐更快乐。”如果你很满足，一切都挺好，不要因为它们可以更好而破坏了你的心情。“在郊外玩一天本来很开心，不要因为那天不是晴天而坏了你的心情。”

然而就像他的电影，他的话锋陡然一转。“虽然我这样说，但我大部分时候并不开心。”我猜他是在开玩笑，我当然不认同他的说法，但他解释道，为世界上最贫穷国家的发展募集资金意味着一天里我会心碎好几次。

“在慈善工作上，每个电话都会让我感到压力。如果我能说服这个人做这件事，孩子们就有救了；如果不能，他们会危在旦夕。就在今天，我接到一个家伙的电话，说他不能来演这个短剧。我不得不撒谎说‘没关系，你去年已经很帮忙了’，但其实我快难过死了。”

所以他最好的建议直接来自试图改变世界的经历，但同样反映了他的失望和伤心，因为在需要很多帮助时，人们往往说得很好，却并不帮忙。

> 每个人都不应该低估自己改变其他人生活的能力。我们在这里做的事情与那里发生的事情之间存在着直接的因果关系。如果你想帮忙，一定要实际做些事情，不能只是说说。我的座右铭是“如果想创造改变，你必须做些事情”。创造一个目标、口号、电影、小册子、徽章、标签、红鼻子日……创造出美妙的东西，抓住人们的心，这样他们会情不自禁地被拉进去，提供帮助。更好的是，它不仅美妙而且有趣。这就是我一直在做的事情。

没有人比他做得更好。

茱蒂·凯莉 （Jude Kelly）

英国南岸艺术中心艺术总监。

女性必须重视自己的潜能，愿意并敢于在各方面取得成功，不要为了适应别人而放弃自己的权利，以此表现自己是多么有爱心或多么谦逊。

——茉蒂·凯莉

茱蒂·凯莉为人人

英国南岸艺术中心（Southbank Centre）是世界上最大、最复杂的文化艺术机构之一，作为运营者，艺术总监茱蒂·凯莉对自己工作的描述很简单。“我讲故事，那是我一生都在做的事情。”

这句话没有隐含的意义。她一生导演过100多出戏剧，包括为皇家莎士比亚公司（Royal Shakespeare Company）和西区剧院（West End）导演戏剧，现在从事着英国最重要的艺术工作。这一切都始于小时候在自家后花园里上演的戏剧，邻居家的孩子是演职人员，她的父母是观众。

童年的这些玩闹不仅让她明确了自己此生要做什么（11岁时她宣布要成为戏剧导演，从此之后就一直为实现这个愿望而努力），而且为她的讲故事方法提供了最典型的特点：创造把所有人都包容进来的艺术。“我喜欢所有邻居都来看我的戏剧，如果有人没在，我会感到很不安。我不喜欢有人被漏掉。这不只是为了他们，也是为了我们。”

从此以后这就成为驱动茱蒂的一个组织原则：当每个人都参与时，团体以及那个团体的艺术就会受益更多。“我们需要有不同人生经历的人，倾听彼此的故事，给他们做补充，理解他们，与他们争论，使人们不再觉得和其他部族交往令人不自在，帮助人们认识到尝试其他人际关系会带来更丰富的体验。”总之，创造包容性的艺术可以加深社会的共情和团结。

南岸艺术中心是一个公共集资项目，它使茱蒂更下定决心要欢迎所有人。“整个社会都投了钱，所以每个人都应该分一块饼——这是我的驱动力量和信念系统。”她做到了。一天我参观南岸艺术中心，发现那里有为带年幼孩子的父母准备的童车区、有印度表演艺术家、有难民音乐家举办的古典音乐会、有吵闹的电子音乐之夜、有杰瑞米·艾恩斯（Jeremy Irons）在背诵莎士比亚的戏剧、有阿卡贝拉B-Boxing（口技的一种形式）表演、有马戏、有单口喜剧、有小吃摊。换句话说就是，每个人都可以找到适合自己的东西。

茱蒂还有另外一个角色，那就是世界女人节（Women of the World）的创立者和领导者，这是一个赞美女性并审视她们所面临的障碍的国际性节日。这很符合她不漏掉一个人的原则，而且重点明确。世界女人节的重点是性别平等。她说作为一名女性领导者，她越发意识到这个始终存在的问题。许许多多年轻女性来寻求一些事情的建议，这些事情令她们苦苦挣扎：“工作与生活的平衡，是否要孩子，如果要了会发生什么，她们在工作中受到的对待，伴侣对待她们的方式，暴力、强奸、网络色情、身体意象问题，等等，当然也有正面的故事，比如女性所取得的成就。”于是她决定创立一个节日，可以让女性聚在一起，聊一聊她们的问题，获得积极的感受，探索性别平等的前景。

令人吃惊的是，这个想法一开始遭遇了一些阻力。“我开创这个节日时，人们说：‘真的吗？我们不是已经实现性别平等了吗？’但我知道我们没有实现。马拉拉（Malala）被枪击、反博科组织（Boko Haram）抓捕尼日利亚女孩、德里发生了轮奸案，我们必须捡起石头，争取性别平等。但是我们也应该庆祝已经取得的成绩，分享美好的故事，使我们获得活力和耐力。”

茱蒂说在艺术中也需要解决这个问题。“从历史上看，大多数戏剧、电影、小说、绘画作品是男性创作的，女性能像男性一样富有创造力吗？这个疑惑被反复提出来。曾经有一个观点认为，女人生养孩子，那就是她们的创造力。这和说黑人身体强壮，但不太聪明，或者说中国人非常聪明，但没有丰富的情感是一个套路。这些刻板印象把一半人类框在男权结构之中，几千年被传承并内化。”

应对和战胜根深蒂固的性别不平等问题不是一朝一夕的事情。打动我的是，这就是她最想讲述的人生故事，这和她给女性的宝贵建议是一致的。

> 女性必须重视自己的潜能，愿意并敢于在各方面取得成功，不要为了适应别人而放弃自己的权利，以此表现自己是多么有爱心或多么谦逊。她们应该说：“我被给予了生命，既然活着，我就要用它去实现最好的目标。”无论每个女性为自己设定的目标是什么。

迈克尔·麦金太尔（Michael McIntyre）

英国著名单口喜剧演员。

你需要设法让自己有信心，设法坚持下去。但只是对自己说“要有信心”是不够的，你必须和能够使你发挥出最佳水平的人在一起，他们会帮助你增长自信。

——迈克尔·麦金太尔

迈克尔·麦金太尔，通过先生

我正打电话给全世界收入最高的喜剧演员迈克尔·麦金太尔，想敲定一下我们见面的事情。他在电话里让我笑个不停，我都没法谈正事了。不过这至少解答了一个一直以来令我困惑的问题：职业喜剧演员不在舞台上时一样滑稽有趣吗？从迈克尔·麦金太尔的情况来看，答案是：是的。

我们终于见面了，他依然滑稽有趣。迈克尔注意到我的说话声音对于在餐馆就餐来说太大了——“就像美国人一样吵闹”，他用假装恶毒的语气低声补充了一句。他承认所谓的“餐馆肃静”令人痛苦，在有点档次的地方，英国的中产阶级认为应该小声交谈。

和这个世界上最幽默的人之一聊着聊着，我们的话题很快转向了财务计划，这有点让人吃惊：不要寅吃卯粮，避免信用卡和复利的风险。为什么会这样，因为在成功之前，作为单口喜剧演员，他苦苦挣扎，在债务泥潭里折腾了10年。“到30岁时我的事业还是毫无起色，我欠了40 000英镑。我坐在房间里想，我的生活不是我的，一切都是租来的：公寓是租的，家具是贷款买的，我刚付清了迪克森商店

（Dixons）的电视机款……甚至录像机也要还回音像店。”

现在说起来是笑料，但当时的情况很严峻。债主叫来法警，第一次他们开走了他的车，后来搬走了他的家具和电器。一次有个人跟着收债的人上门，拿着悬挂式传声器。迈克尔问他为什么带着这种录音设备，他说他给英国广播公司第4电台做关于法警的纪实节目。“我说，‘我不能出现在那个节目里。’但然后我想这也许是我正在寻求的突破，于是我开始搞笑，想着如果我出现在广播节目里，也许某人会联系我。”

那么什么使他摆脱了悲惨的困境，来到舞台中央呢？发生了一件简单但具有决定性的事情：他的第一个孩子卢卡斯出生了。按照迈克尔的说法，喜剧演员为人父母后会变得更幽默，主要是因为他们不得不幽默。对他来说，这种效果立竿见影：责任感——需要供养家人。“我想我要不惜一切代价，在他会说话之前获得成功。我不希望他说的第一句话是：‘爸爸，为什么那个人拿走了录像机？’”

动机已经很明确了，但喜剧演员怎么能让自己变得更滑稽有趣呢？

“我简直疯了。我开始一周演出7个晚上，哪怕钱很少，甚至没有钱，只是为了不断练习，为了收集笑料，获得上台的机会。我知道如果我能让人们大笑一次，那么只要我足够努力，就能让人们再次大笑。”

一段时间后，他设计了一个20分钟的演出，他觉得效果非常赞（“我可以让房间里12个没想认真听的人开始大笑”），然后他给喜剧界最著名的代理人打电话，让他去一个小俱乐部看他的演出，他完成了此生最棒、最重要的演出。

当他走下舞台时，代理人说："真出乎意料。"然后安排他在皇家大会演中演出，这是他的第一次电视演出，之后他一炮而红。就像大多数一夜之间的成功一样，他用了10年才获得。

获得登上舞台的机会，更不用说上电视了，这些对现在的迈克尔来说很容易，他如今是英国最炙手可热的喜剧明星。但是他现在依然会进行小型的巡演，只要创作了新段子，他都会在周二的晚上到昏暗肮脏的酒吧里演出。他依然清楚地记得没有钱、作品不行、情况看起来毫无希望是多么痛苦，所以他给以舞台为生的人的建议是：

> 你需要设法让自己有信心，设法坚持下去。但只是对自己说"要有信心"是不够的，你必须和能够使你发挥出最佳水平的人在一起，他们会帮助你增长自信。我喜欢《英国达人秀》，我需要3个通过。我需要我的妻子、我的妈妈和我的代理人都说："是的，它很棒。"然后我就会有信心，会继续努力。我的成功来自我的妻子、我的家人、我的支持网，来自我的3个通过。

这一次他不是开玩笑。

诺埃拉·克萨瑞斯·穆桑卡 （Noella Coursaris Musunka）

民主刚果裔国际超模，“天使组织”创始人。

你应该利用你在这个世界上的发言权。无论你有多少钱，死的时候都带不走，所以把它们捐出去吧。如果你只能奉献一个小时，那就这样做吧。

——诺埃拉·克萨瑞斯·穆桑卡

模范公民诺埃拉·克萨瑞斯·穆桑卡

民主刚果是一个很矛盾的国家。它的自然资源比任何国家都丰富，但从 GDP（国内生产总值）和平均寿命来看，是世界上最贫困的国家之一。它潜在的水力发电能力足以为大半个非洲供电，但只有不足 10% 的家庭用上了电。在西方人的眼里，民主刚果是一片饱受战争摧残、犯罪猖獗的贫瘠之地，但它是你能见过的最美丽、最青山绿水的国家之一，人民像地球上任何地方的人一样友好、好客。我之所以这样说，不仅因为我曾在那里待过一段时间，而且因为我对面坐着最受欢迎的民主刚果女孩之一。

我说的女孩是国际超模诺埃拉·克萨瑞斯·穆桑卡，她的一部分时间用于给《时尚》杂志和英国顶级内衣品牌密使（Agent Provocateur）做模特，另一部分时间用于运作她成立的天使组织（Malaika），为民主刚果的女孩提供接受教育和上学的机会。

诺埃拉经历过很艰辛的岁月。她出生在民主刚果的一个极度贫困的家庭，5 岁时失去了父亲。在一个 700 万儿童失学，人均寿命只有 48 岁的国家，她妈妈的决定是可以理解的，她被送给在欧洲的姑姑抚养。但是诺埃拉永远也不会忘记她的童年和家庭，通过她的模特职业，她成为她的母国最耀眼的典范和最重要的倡导者之一。

对于把模特职业与应对民主刚果的教育问题结合起来，她非常有积极性。“我希望人们对我的国家充满信心，我是这种信心的代言人。我希望让孩子们明白他们生活在一个美妙的国家，生活在一片美妙的大陆——我们根本不需要嫉妒别人。”另外，她也希望民主刚果人民能从国家的资源中获益更多。“坐在民主刚果的飞机上，你可以看到很多美国人、英国人、中国人和印度人，但几乎没有非洲人。这真不寻常，似乎很多人非常喜欢我们的资源！”她大笑着说，却是认真的。

最后，诺埃拉希望结束非洲不如世界其他地方的时代，而为了达到这个目的，必须发展教育。“通过高品质的教育，我们的人民可以成为改变的推动者，成为自己国家的领导者，这样我们就可以和西方国家平起平坐了，我们缺的就是这个。”

她没有吹嘘自己的工作和成就。到那天结束时，在有几百万失学儿童的国家里，她使几千名儿童有机会接受教育，而这只是一个开始。她利用自己的言论和职业平台激励其他人做同样的事情。她的建议中蕴含着她的使命，那就是鼓励其他人采取行动，参与进来，不要什么都不做。

> 你应该利用你在这个世界上的发言权。无论你有多少钱，死的时候都带不走，所以把它们捐出去吧。如果你只能奉献一个小时，那就这样做吧。

英德拉·努伊 （Indra Nooyi）

印度裔，曾任百事公司主席兼总裁。

不要休假。等你到了我这个年龄，你会后悔休过假。一年最多休息一天或一天半。用休假读和你工作有关的书籍，剩下的时间都应该用来工作。

——英德拉·努伊

和英德拉·努伊一起熬夜

当《福布斯》杂志（*Forbes*）评选的“世界上最有权威的女人”邀请你吃晚饭时，你会怎么做？你当然是说好的。这个女人就是英德拉·努伊，她是百事可乐公司的首席执行官兼美国联邦储备委员会的成员。事情的背景很简单，我和两个朋友创办了一家饮料公司，它发展得很快。一些大型食品饮料公司开始关注我们，但我们对此一无所知。英德拉的手下突然给我们打电话，邀请我们见个面。他们建议下次英德拉来伦敦时和她一起吃晚餐。

拒绝这个邀请显得很没礼貌。让我感到好奇的是，什么样的人能成为有几十万员工的全球性大企业的首席执行官，负责世界各地的运作，为每个时区创造出机会和问题？她如何管理工作负荷？她的生活是怎样的？她会有什么好建议？事实证明在晚餐时这 3 个问题都得到了解答。

一开始我们很有礼貌地闲扯，比如问“你在伦敦会待多久”以及其他尽地主之谊的话题。有趣的是，英德拉在我们一吃完饭后就要离开。她的私人飞机已经发动，准备好出发了。在我们喝完咖啡、吃完薄荷糖之后，她就要离开伦敦，前往纽约了。与此同时，她的丈夫，一家大型科技公司的首席执行官也正准备乘坐私人飞机从纽约飞往伦敦。他们有两个女儿，他们家有一条规矩，那就是父母两人至少有一个在家陪伴女儿。所以她起飞的时间也是他起飞的时间。大约凌晨1点左右，他们会在大西洋上空的某处以每小时1 600多千米的速度擦肩而过，就像夜晚疾驶的轮船。我觉得这个画面令人难忘。

当我们谈到她的工作方法时，她变得充满了热情。她非常热爱她的工作，也做了大量的工作。聊着聊着，英德拉问："你知道为了赶一个项目，连续3天晚上不睡觉会产生的那种兴奋感吗?"我不得不承认，我不知道。我说我甚至不知道一晚上不睡觉之后的兴奋感是什么样，而且，不是为了工作。这个回答让她困惑了一下。

她说她曾经8天8夜没睡觉，这就是她的工作量级。我问她这在生理上是否行得通，而且在我的反复询问之下，她承认第8天的晚上她在办公室的沙发上眯了15分钟。直到今天，我依然不知道她是否在和我玩心理游戏，如果真是这样，它达到了效果。我想如果当全球首席执行官需要这样工作，那我还是做当地的首席执行官好了。

她是一个很好的聊伴：有魅力，口才好，有时会说出一些非常出人意料的话。当我征求她的建议时，她首先想分享几条关于领导力的建议，其中最令人难忘的是："每个月我会把董事会成员召集到我家里一次，我会印一些歌单，我们一起唱歌。我真心建议你这样做。"当我请她提供一条她认为最有价值的建议时，她说：

> 不要休假。等你到了我这个年龄，你会后悔休过假。一年最

> 多休息一天或一天半。用休假读和你工作有关的书籍，剩下的时间都应该用来工作。

我首先想到的是：“哇，这肯定是我听到的最糟糕的建议。”其次想到的是：“你需要更多的休假。”我刚想说出这个想法，但接下来我意识到她是“世界上最有权威的女人”，于是我把话咽了回去，点点头，接着吃我的布丁。

乌里·斯特克（Ueli Steck）

速攀运动员，被欧洲媒体称为爬阿尔卑斯山最快的人。2017年4月30日（本书英文版出版一年后），在登山时因意外坠亡。

在登艾格尔峰时，我必须爬得很快，所以我要求自己在使用冰镐时必须毫不犹疑，一举成功，不能尝试两次，每次下镐时我都全力以赴。这很管用，你会聚精会神，每一击都保证准确。

——乌里·斯特克

和乌里·斯特克一起面对时间

艾格尔峰（Eiger）的北坡以最难攀爬而著称于世。在登山圈里，它被称为“死亡之墙”，它高1 600多米，有着凹面的绝壁，上面覆盖着冰和松散的岩石——它像看起来和听起来的一样严酷、难爬。

最初尝试爬艾格尔峰北坡的两个人死了，接下来尝试的4个人也死了，到目前为止，死亡人数已经达到了65人。最后一队登山者花了3天多的时间终于爬上了北坡。我之所以介绍这些背景，是因为现在和我在一起的瑞士登山者乌里·斯特克最近用不到3个小时就完成了攀登。实现这种不可思议的速度的唯一方法是他藐视重力（和理智）的决定，不使用绳子。在登山历史上，这是史无前例的巨大成就，不仅改写了登山的规则，而且似乎也改写了物理学定律。

作为业余登山者（我特别强调了“业余”这两个字），我对他说我没法像他一样不用绳子登山，因为那是当你犯错或跌落（从我的经验来看，这种情况经常发生）时，保证安全的唯一希望。

“我记得在我刚开始登山时，听说有人不用绳子，我想这太疯狂了，我永远也不会那么干。但这是一个过程，判断自己的能力，改进它，那就是驱动我的力量。”

但是碰到你无法控制的运气因素怎么办？“你只能接受，只能担当。”害怕吗？“在登山时，我不感到害怕。如果感到害怕，那是因为没有做好准备。”

他的建议听起来好像充满了虚张声势的勇气，但以乌里的情况来论，绝对不是那样。事实上，乌里认为虚张声势的勇气是致命的：为了安全，你决不能自负。“你一定要保证自己没有登顶的压力，否则你一开始就做了错误的决定。在登山的日子，我会说：‘我只是去看一看。’我绝对不说：‘我要登顶。’如果感觉不好，我会爬下来。我相信如果你坚持这种做法，就永远不会犯错。”

当然，运用乌里的登山方法，其实永远不会出错，一次都不会。

> 我玩得很悬。在登艾格尔峰时，我必须爬得很快，所以我要求自己在使用冰镐时必须毫不犹疑，一举成功，不能尝试两次，每次下镐时我都全力以赴。这很管用，你会聚精会神，每一击都保证准确。

这种思维方式把其他人的思维方式颠倒了过来：如果你要爬上1 600多米高的垂直悬崖，你的生命依赖于冰镐，它将承载着你的全部体重，你当然想确认它是否可靠。相反，乌里利用的是如果冰镐没固定稳会发生的后果，因此他全神贯注，确保一次就成功。这是一种高水平的心理状态。

在更深的层面上，他对潜在后果的担当可能在一定程度上促成了这种投入的状态。“如果我搞砸了，一切都完了。我会死掉，我必须接受我的错误。”令人吃惊的是，他说他宁可承受那样的结果，也不愿承受当首席执行官的压力。“如果做首席执行官没做好，你不得不解雇员工，他们会丢掉饭碗，你知道那是因为你的过失，你不得不一辈子背负着这个后果，我不知道自己是否能应付得来。”

最后这些话更加彰显了我和乌里之间的差距。我其实也攀登过艾格尔峰——我爬的是比较容易的西峰，花了两天时间，有向导，使用了大量的绳子。即使这样，在很多战战兢兢地被吊在岩石上的时刻，我宁可解雇我的亲奶奶，也不愿掉下悬崖。

不过我决定不把这些想法告诉乌里。

玛格丽特·阿特伍德 （Margaret Atwood）

加拿大小说家、诗人、文学评论家、国际女权运动在文学领域的重要代表人物。

我是小说家，在我的世界里一切都围绕着人物角色。他们是谁？他们在哪儿？他们是年轻还是年老？富有还是贫困？他们想要什么？除非知道他们为什么而挣扎，否则我怎么能给出建议？

——玛格丽特·阿特伍德

知心大姐玛格丽特·阿特伍德

回想起来，在打电话之前，我有点担心。我要采访在加拿大出生的世界著名小说家玛格丽特·阿特伍德，她获得过布克文学奖（Booker Prize），也是一位预言者兼编年史家，她的作品有40多部。为了在采访前做足功课，我看了网上的几篇采访，它们反复提到了两个和我的采访很相关的事实：首先，她很讨厌从一些东西中挑选最喜欢的，无论是什么东西；其次，她不相信提供建议这一套。可我打电话的理由是什么？向她征求她最喜欢的建议。

我们的通话愉快地开始了。我们聊到皮利岛（Pelee Island），那是伊利湖（Lake Erie）上的一小块陆地，位于多伦多的西南部。她最近在那里举办了一年一度的“春歌”活动，即观鸟大赛兼读书活动，目的是为皮利岛传统文化中心筹集资金，同时也为了吸引候鸟的注意，把皮利岛作为它们飞行途中的休息地。玛格丽特跟候鸟很有共鸣：这个小岛也为她提供了暂时的休息地，使她可以不受干扰地写作：“当地人故意给寻找我们住处的游客指错方向，而且在10公里以外。”

但是我知道我不能一直掖着藏着，一直聊这个小岛，所以我大致讲了我的写书计划，解释说我想让她提供一条她认为最好的建议。就像她的所有回答，她很干脆地说："哦，我从来不提供建议，除非有人来问我。"这个回答比我预期的好，所以我说我在征求她的建议。

不幸的是，这并没有引出我期望的对话。"好吧，但你需要什么建议？建议必须具体。据我所知，你可能需要如何打开一个罐子的建议。"我解释说我知道怎么打开过紧的盖子（放在热水龙头下冲一会儿或者轻敲侧面，让它变得松动）。我更想知道关于人生，她有什么特别好的建议。"好吧，但是给谁的建议？提供什么事的建议？建议总要关系到某些人和情境。比如假设你患有抑郁症，你的生活状况，你需要什么或你认为什么会有帮助，会和其他人非常不同。"啊，我没有想到这个问题。我知道25%的人患有心理疾病，但我并不认为一两句至理名言就能解决他们的问题。所以我告诉她，假定我们在谈论剩下的那75%的人。"好吧，这些人是否有爱他们的父母？这是另外一个影响人生的重要因素，我的建议会因此而不同。"嗯……现在怎么办？一方面我赞同几句话的建议无法替代童年时缺失的爱，但另一方面如果我不能得到玛格丽特·阿特伍德的建议，我和我的书都会遭殃。

她的语气给了我一些安慰。她听起来不是那种故意搞破坏的人，她真心想帮忙。事实上，她似乎乐意为我做任何事情，除了一件事。可不幸的是，那正是我唯一想让她做的事。

我决定寻求上帝的帮助。我说："你看，如果你信仰宗教，你会把其中一些好的教义概括成对所有人都有益的行为方式。"

“是的，爱你的邻居，宽恕彼此，是这类东西吗？”

“是的，正是。”我激动地回答，心想终于有点进展了。事实证明我的乐观非常短命。

“问题是，我本身是个有仇必报的人。不过如果有人打了我，我一般懒得回应，就让因果报应去修理他吧。”

好吧，看来宗教没有用，我尝试用心理学。我概述了一些对幸福的心理学研究，这些研究显示帮助他人能够提升幸福感。这难道不是一条好建议吗？

“当然，前提是你没有帮别人太多，否则你会耗尽自己，这对任何人都没有什么好处。”

我开始不得不承认一个令人不舒服的事实，电话那头的人比我更聪明、更机智。可以说我被语言的栅栏挡住了，竖起栅栏的是在世的一位伟大的作家。正如你们可以预料到的，我快失败了。

玛格丽特感觉到我无力回击，决定放我一马。她解释说：“你看，我是小说家，在我的世界里一切都围绕着人物角色。他们是谁？他们在哪儿？他们是年轻还是年老？富有还是贫困？他们想要什么？除非知道他们为什么而挣扎，否则我怎么能给出建议？”

“克林顿总统都给出了建议。”我抗议道。

玛格丽特饶有兴趣地问：“哦，他说了什么？”我复述了他的建议：关注每个人，无论是给你倒咖啡的人，还是给你开门的人。我说这条建议打动了我，它对所有人都有借鉴意义。“除非他们是在写书的作家，否则我最不建议他们做的事情就是更多地关注别人，而应该待在家里工作。”

这场对话就像猫在戏耍老鼠，而且我不是猫。我再次提出请求：你那么博学多才，一定有认为值得分享的建议吧。

“好吧，我想到了一条，你听听怎么样：‘扎到你的通常是仙人掌的小刺，而不是大刺。’”

“这是对生活的比喻吗？”我满怀希望地问。

“不，不是，我指的是字面意思。你打电话之前我正在花园里除草，那些可恨的小刺扎得人真疼。”我说这个建议对这本书来说可能有点太具体了，但我会记下它，写进将来有关园艺的书里。

我意识到我快没时间了，我还能最后尝试一次。玛格丽特不止一次地让我具体说出提供建议的对象。我承认我心里想的对象是所有智人，并没有进一步缩小范围。玛格丽特发出一声短促尖利的笑声：“这难道不是一本很老套的厕所读物吗，里面竟是些‘摆出笑脸，你的心情就会好起来’之类的东西？”

“当然不是。”我答道。

不过我心里暗暗地想，或许我可以把这当作她的建议。

托尼·布莱尔（Tony Blair）

政治家、律师、英国前首相。

找到能让你充满激情的事情，投入其中……

最后，带来最大成就感的事情是你为别人做的事情。

——托尼·布莱尔

新托尼·布莱尔

跟我上次见托尼·布莱尔相比，他的行头有些小变化。那时他在办公室里，穿着典型的首相装：笔挺的西装、平整的衬衫，以及体现对党派忠诚的领带。现在他处于后首相时期，穿着上放松了一些：运动夹克、蓝色牛仔裤、开领衬衣。他的皮肤被晒成了健康的小麦色，不做首相之后的日子看起来挺滋润。托尼·布莱尔看起来很不错。

他的私人办公室也很不错，它们位于格罗夫纳广场（Grosvenor Square）不起眼的角落里。它们被布置得很漂亮、时尚，事实上比唐宁街10号的办公室还好。这就是你可以选择建筑，而不是建筑选择你的好处。

虽然托尼·布莱尔周围的事物发生了改变，但他本人没变。他最突出的特点依然很鲜明：从他身上散发出来的催化力量。他的热情、专注和才智会让房间里的人都感到事情只会越变越好。托尼·布莱尔的存在会激励你有更宏大的想法，更努力地工作，做得更多。

按照托尼·布莱尔的说法，他其实比以前工作得更努力了，去解决世界上的一些最困难的问题——宗教极端主义、非洲发展问题、中东和平。无论你对托尼·布莱尔的看法是什么，这个男人很努力，不会把很多时间花在打高尔夫球上。

在办公室里我们聊起了他的时间。我说在我看来他当首相的每一天都承受着巨大的压力。当你认为情况不会更糟了时，一个全新的问题向你袭来，那同时也是你必须立即处理的问题。除此之外，议会和媒体中的敌对者故意对你非常好的意愿做出最恶劣的解读。他伤感地说："关于这个我可以写一本书。"

他说，作为首相，除了持续不断的压力和紧张之外，"每天、每小时你所做的决定的重要性会让你心生敬畏，你知道这些决定会深深地影响人们的生活。"

那么一个人该如何应对这一切？托尼列出了4点有助于他平稳工作的首相计划。第一，想想幸运的事。无论压力多大，不要忘了从事这样一份工作所享有的巨大特权。第二，就像他的妻子切丽会反复指出的，你是自愿的，没人强迫你做首相。第三，对你所做的事情、对你为之服务的人心存信念。第四，不要太把自己当回事儿，你应该保持幽默感。时不时想一想这4点，压力就会变得比较容易忍受。

他还建议创造他所说的"个人腹地"：和家人在一起、弹吉他、度假。并不是要完全放下首相的职责，即使在家庭度假时，托尼·布莱尔也会带着少量公务，每天履行一些首相的职责。在任职的10年里，他从来没有休息过完整的一天。他总是在工作，哪怕一边享受日光浴，一边还在工作。

这不禁让人想到一个问题：做首相让他觉得很享受吗？"对我来说，把'享受'这个词用在工作上很奇怪。可以说工作让我有目标感，我对它充满热情。但有纯粹快乐意义上的享受吗？只在非常少的时候有，比如达成了北爱和平协议（Good Friday agreement）、伦敦申奥成功，它们让人感觉很好，但更主要的满足感来自推进政府工作、来自改革计划的进展。”

对于公共服务、帮助他人、做出改善的决心显然是10年任期中给予他力量的内在引擎。不过他一开始没有想成为一名政客，直到他岳父把他带入下议院，他才发现了这份事业和使命。“站在下议院里，我意识到‘这是我应该在的地方，这是我应该做的事情’。当时我是一名相当成功的律师，但做律师从来没有让我有那样的感觉。在决定成为首相之后，我每天都充满了强烈的目标感，这种感觉再也没有消失过。”

由此引出了他提供的最佳建议：

> 人不会碰巧成功。如果你看到某人非常擅长某事，他一定对这件事充满了激情，而且非常努力地去做。所以你要找到能让你充满激情的事情，投入其中。如果你热爱的事情能够对他人产生影响，那么你的人生会因此充实、有意义。最后，带来最大成就感的事情是你为别人做的事情。

露丝·罗杰斯（Ruthie Rogers）

咖啡河餐厅联合创始人、作家。

在脸上多抹些面霜，在鱼里少放点调料。

——露丝·罗杰斯

露丝·罗杰斯的家庭

我所在的地方是建筑学与烹饪法的能量灵线[①]：那就是咖啡河餐厅（River Cafe）联合创始人兼销量超百万册的畅销烹饪书作家露丝·罗杰斯的厨房。她位于切尔西的家由她做建筑师的丈夫理查德·罗杰斯（Richard Rogers）亲手设计，非常宏伟。

像庙宇一样大的大厅的突出特点是有一个开放式厨房，闪闪发光的不锈钢餐台上放着面包、葡萄酒和应季的美食。一阵“咯咯”和“兹兹”声之后，露丝端着两杯做法很专业的黑咖啡出现在我面前，她的热情就像这新煮出来的咖啡一样。如果你想寻找殷勤好客的典型代表，露丝就是。

咖啡河餐厅就像一首意大利生活方式的颂歌，在那里食物与家庭

---

① 1921 年，一位英国业余考古学家阿尔弗雷德·沃特金斯（Alfred Watkins）发现，如果将圆形石林以南的古老石碑、老树、古坟、教会与其他历史遗迹相连，居然呈一条直线，而且直线上许多地名的词尾都是“ley”“lay”“lea”等，所以他称此直线为“ley line”，中文翻译为“能量灵线”，并出版专著说明英国的其他地区也有类似的直线，这些直线彼此交叉着。不过，这一理论并没有得到主流考古学界的接纳。——译者注

相互交织。露丝出生在美国，但她的丈夫来自佛罗伦萨，30 年来经常去丈夫家度假使露丝对意大利烹饪充满了兴趣。“我走进理查德姑姑的厨房，会看到两个姐妹在争论番茄面包汤里是否应该加水，还是只放番茄，我喜欢这类争论。”

理查德的妈妈达达非常乐意把自己的烹饪秘诀、饮食和生活秘诀传授给露丝。“即使在临终前，她依然传授着秘诀。她最后对我说的话是：‘露丝，我希望你在脸上多抹些面霜，在鱼里少放点调料。’”

受到这种爱、食物与家庭凝聚在一起的启发，露丝和罗斯创立了咖啡河餐厅，目的是“做那种意大利人在家里吃的食物”。

虽然咖啡河餐厅已经经营 20 多年了，每天有几百人来就餐，但它一开始非常小。“最初的餐厅非常小，一天只能供应 30 ~ 40 份餐食。此外，地方议会只批给我们做周一~ 周五的午餐的许可，经营范围不包括晚餐和周末用餐，而且只能为餐厅附近办公室里的员工提供午餐。所以我们不得不偷客户，假装他们在这里工作。”

不过她们志不在规模，而在品质：她们的目标是成为伦敦最好的意大利餐厅。她们的餐馆食物正宗地道的名声很快便传开了，尽管理论上讲顾客是不允许进这家餐厅的。自相矛盾的是，咖啡河餐厅第一条评论的开场白是，“我要介绍一家你没法去的餐厅”［费伊 · 马斯库勒（Fay Maschler）在《旗帜晚报》（*Evening Standard*）上发表的评论］。但是正如露丝所说，随着她们经验的增长，餐厅发展壮大了。一段时间后，她们需要更大的空间，一步步的改善计划获得了批准，最终发展成如今这家又大又漂亮的餐厅。这就是为什么她给开办餐厅或企业的人的建议是：“一开始要小，要有宏大的目标，发展要可控。”

这家餐厅能够长盛不衰的一部分原因在于，她们把团队看成是非常重要的原料，就像各种应季的食材。“人们经常跟我说他们多么喜欢这里的食物，不过一开始他们总会说这里的员工有多棒。”她对此的建议是：

> 给予，别人会报以你所给予的。把每个人作为个体来对待：了解他们的状况，鼓励他们。当然也要有确保他们完成工作的纪律。我相信和在担惊受怕的环境中相比，人们在充满希望的工作环境中会做出更多成就……大吼大叫、恐吓威胁那一套对我来说很陌生。

咖啡河餐厅这个大家庭的与众不同之处不仅在于人与人之间的亲密关系，而且在于在这个男人占主导的行业里，它有两位女性领导人，第二位是露丝的合伙人兼主厨罗斯·格雷（Rose Gray）。“我们的关系好极了。我们一起做饭、一起工作、一起写书、一起去意大利，甚至穿一样的衣服。”她们共生性的合作关系使得 2010 年罗斯的去世令露丝更加痛苦，她甚至没有勇气面对这个事实。“罗斯是我的力量。她去世了，我就像变成了有 85 个孩子的单身母亲。但是我知道对她最好的悼念方式就是把餐馆办得越来越好。”

一年后，露丝又失去了她 26 岁的儿子，他在意大利因癫痫病发作而突然离开人世。露丝把这比喻为“海啸。一分钟之前你还悠闲地坐在海滩上眺望大海，一分钟后海啸袭来，你几乎被淹死”。我问对于其他遭遇这类“海啸”的人她有什么建议，她的回答反映了这段经历对她来说是多么可怕。

“虽然我很想提供些建议，但我做不到，因为人们给过我一些建议，但都没有用。帮我挺过来的是我对孩子们的爱，是家庭的亲密和团结。我到一个地方，我的一个孩子就会出现在那里。我早上起床后下楼，会看到一个朋友坐在沙发上。不知怎么回事，他们总会出现在我和理查德身边。”这是她对朋友和家人的支持和力量的赞颂。

露丝依然用水做比喻，她说接下来的 5 年里，“海水依然凶险，但你学会了如何应对，知道自己能做什么，不能做什么，知道你需要为哪些时刻做准备。”虽然工作给予了她一些安慰的说法会让人误以为她对罗斯的感情不是非常深，但工作有时候确实有助于分散注意力。“我发现自己没法集中精力烹饪，总是会陷入沉思。我会站在那里一边搅拌意大利调味饭，一边哭泣。而忙碌的夜晚会好过一些。”

她对她的团队始终充满了爱，让他们有家的感觉，她和罗斯一直对员工很友善，尊重他们、鼓励他们。这意味着至少她身处能让她感到安全的环境中。“虽然没有什么比家庭、孩子、你所爱的人更重要，但我认为在咖啡河餐厅，工作和生活是交织在一起的。当我走进餐厅，我会想他们多棒啊。”

她停顿了一会儿，思考咖啡河餐厅在她生活中发挥的作用。“人们对我说，‘天啊，你还在这儿。’我心里想，‘嗯，难道我还想在其他什么地方吗？’”

对我来说，这听起来就像是成功的终极标准。

乔纳森·伊夫（Jonathan Ive）

苹果公司首席设计师兼资深副总裁，英国爵士。

专注于一件事，努力成为世界上做得最好的人。

——乔纳森·伊夫

乔纳森·伊夫说“不”

除了在体育界中，我们很难说某人是他所在领域中最厉害的人。你怎么判断谁是世界上最棒的画家、作家、演员或其他什么人？作为苹果公司的首席设计官，现代最成功的工业设计师，乔纳森·伊夫可以说是这种难题的一个例外情况。他是将艺术与技术融合起来的人，他的设计现在就在我们的口袋里，他和世界上最著名、最受尊敬的创始人一起创造了现存的最有价值的公司。

作为真正的大佬级的人物，他的做派一点也不大佬。我们见面的地方在流动汉堡车旁，一起吃着薯片。应该承认，那是私人聚会上的汉堡车，薯片非常好吃。他不仅获得了非同寻常的成绩，而且非常谦逊，甚至自我解嘲。这似乎是成功、靠谱人士的共同特点：因为没有更好的词来形容，只能说他们是好人。他甚至把他的薯片给我吃。

我谢绝了他的薯片，但请求他提供一条最重要的建议。它既不新颖，也不复杂，但可能是成功最重要的驱动因素，而且很符合他公司的特点——像激光一样聚焦。

你必须专注于一件事，努力成为世界上做得最好的人。

他承认他过去不是这种思维方式。像乔纳森这样富有创意的人，他想做的事情何止成百上千。“我从史蒂夫·乔布斯那里学到了聚焦的重要性。他认为你说‘不’应该比你说‘是’多得多。他过去每天都会问我，我对什么说了‘不’，查看我是否能拒绝一些事情，从而不让自己分散精力。”

这个故事让我最喜欢的地方是，乔纳森讲着讲着停了下来，然后承认他经常会编造一些项目，这样他可以告诉史蒂夫他已经停止了这些项目，总能给史蒂夫举出自己说“不”的例子。这让我想起成功者的另一个特点，更聪明的特点：就像普通人一样，他们有时也会造点假。

海伦娜·肯尼迪 （Helena Kennedy）

英国上议院工党成员，公民自由和人权倡导者。

平等待人，别人不低你一等，你也不低别人一等，尊重别人的天性。

——海伦娜·肯尼迪

皇家律师海伦娜·肯尼迪女男爵的老人言

“人们经常对我说的话是，‘为什么你的当事人都不是善茬儿？’甚至我妈妈也这么说。”皇家律师海伦娜·肯尼迪说道。在英国她是公民自由和人权最活跃、最坦诚的倡导者之一。人们总提出那个问题是可以理解的：她的客户名单中有现代英国历史上最受争议的一些人物，比如杀害儿童的米拉·韩德莉（Myra Hindley）、以刺杀撒切尔夫人为目的的布莱顿酒店袭击案中的爱尔兰共和军炸弹投掷者，还有“液体炸弹”恐怖分子——幸亏乘坐飞机不允许携带100毫升以上的液体。

“人们不明白的是，我不在意当事人是什么样的人，我当然不认同他们的观点和行为，但如果因为你不喜欢被告席上的人就放弃法律标准，那么你其实是在放弃保护你、我和我们的孩子的东西。而这正是有朝一日我们希望我们所爱的人能够得到的保护，到那时我们可不希望被偷工减料……”这个逻辑不容置疑，但以此为理由维护这个世界上最招人恨的人是非常需要勇气的，而且需要付出个人代价。“是的，这会让你不受欢迎，”她的说法很有节制。“但我们不应该通过破坏法律和民主来打击恐怖主义。”

尽管海伦娜是英国上议院中工党的成员，但她感到需要不断让自己的政府为潜在的践踏公民自由的行为负责。“我对布莱尔执政那些年发生的事情很不满。20 世纪 90 年代，我们在人权方面获得了积极的进展，但‘9 · 11’事件之后，我们进行抓捕，不经审判就拘留对方，经常非常规引渡，刑讯逼供也增加了，还试图用陪审团替代审判。把这些问题说出来是像我这样的人的责任。”她停下来，喝了一口茶，斩钉截铁地说，“我的专长是法律，不是政治。”

这些人权和正当法律程序上的“流沙”体现了公民自由与政治方面的一个令人不安的事实，它贯穿于整个人类历史。“人权从来都不持久，它们就像潮汐，涌上来，退下去。当权者几乎毫无例外地想要自己把持权力，所以我们必须始终保持警惕。不过当你捍卫这些原则时，可能所有人都会被你惹怒，你必须对此有所准备。”

我说让我感兴趣的是她怎么能做到如此不屈不挠，大多数人在面临这种情况时会退缩，但她没有。她的回答很深刻，对于初为人父的我来说，她的回答意味着我应该更多地抱抱我的小女儿。“我有一个很爱我的父亲，他毫不掩饰对我的爱。我觉得自己被爱、被珍视，我很自信，从不畏惧，所以我充满勇气。如果女人和父亲有这样的依恋关系，她们就能够无所顾忌地做一些事情，甚至征服世界。”

这促使我分享了我的想法和期望：我女儿出生在女性越来越占主导地位的世界里。海伦娜表示赞同，但只赞同一部分。

“我们看到了在性别平等上的巨大改变，这主要是因为新一代的男性会更多地参与孩子的教养，不认为应该让太太承担所有的养育责任，但这最终取决于女性有怎样的生活经历。如果你是伊拉克北部或刚果的女性，那么生活依然相当悲惨。”

这个回答把我天真的论断驳得体无完肤。

海伦娜的卓越之处在于，她的个人信念与行动绝对一致。一方面她信奉平等和人权，另一方面她会用毕生的精力捍卫它们。这与她传授的最有价值的建议完全符合。

> 平等地对待每个人，无论他们是谁，他们的地位如何。这也是我对我的孩子的希望，我希望他们不会觉得别人比他们更优越，或者他们比别人更优越。那也正是我父母对我的教导：平等待人，别人不低你一等，你也不低别人一等，尊重别人的天性。

还有，不要忘了让你的孩子知道，你爱他们。

瓦希德·阿里（Waheed Alli）

英国媒体企业家、上议院议员。

最重要的是保持目标。如果我有一个经验可以传授，那就是它了。排除干扰，始终回到对你最重要的事情上。

——瓦希德·阿里

绅士中的绅士，瓦希德·阿里勋爵

我在瓦希德·阿里勋爵的办公室里，他是英国最成功的媒体企业家之一［我们能看到《语言》（*The Word*）、《大早餐》（*The Big Breakfast*）和《幸存者》（*Survivor*）都要感谢他］，是英国上议院中第一个公开同性恋身份的人。最重要的是，他为英国的同性恋者争取到了很多权利。

他的办公室不是普通的办公室，非常奢华。我们坐的扶手椅又鼓又软，用手按按就知道。桌上摆着新煮的花草茶，阿里穿着运动鞋的脚就翘在上面。墙上挂满了油画，画的是一些穿硬翻领衬衫时代的年轻人，面容庄严。

我对阿里勋爵说，我猜这幅画画的是他很早以前的先辈。

“不，不是那样。在我 50 岁生日时，我告诉我所有的朋友和家人，说我想要描绘 18 世纪时英俊男人的画作。有人喜欢看花，而我喜欢看男人，所以我想把墙上挂满男人的画。”从他一贯的风格来看，我不应该对他直率的回答感到吃惊。在上议院关于降低同性性行为的合法年龄的争论中，阿里勋爵说：“我从来没有对自己的性取向感到困惑，让我困惑的是人们对此的反应。”

自从托尼·布莱尔任命阿里勋爵为上议院最年轻的成员以来，同性恋者的权利所发生的改变大到无以复加。从一开始阿里勋爵就发誓要竭尽所能地改善同性恋者享有的权利。最初是平等同性恋者发生性行为的合法年龄，然后每年都会有一项新提议：废除第 28 款（即禁止在学校中出现描写同性恋的文学作品），争取同性父母的领养权，立法阻止商品和服务中对同性恋者的歧视，允许同性婚姻，争取同性恋者在宗教场所举行婚礼的权利。

他在商业和政治上都取得了惊人的成就。阿里勋爵出生于工人阶级家庭，父母都是移民，他 16 岁时就不得不离开校园找工作，因为他爸爸离开了家，他需要帮忙供养家庭。他无疑是个自力更生的男人。

那么他是怎么做到的？

嗯，一开始都是你耳熟能详的东西：努力、运气。任何成功的人都缺不了这两项。但是最重要的是坚守目标。如果我有一个经验可以传授，那就是它了。我在商业上的成功来自坚守目标。我对自己说，无论怎样，我都要尽力把项目做到最好。在政治生涯中，我依然坚守目标——争取同性恋者平等的权利，无论我的生活中发生了什么。就是这样，排除干扰，始终回到对你最重要的事情上。

我们都思考了一会儿，然后他接着说：

“你知道，在我年轻的时候，同性恋还是一件令人感到羞耻的事情。那意味着你必须秘密地搞同性恋，发生性关系就更困难了。我希望争取平等，这样没人会再感到羞耻。我希望让同性恋者能够更容易地进行性爱，我喜欢性爱，我认为人们应该想做多少爱就做多少爱。”

坚守目标。

奥莉薇娅·柯尔曼 （Olivia Colman）

英国演员，2019年（本书英文版出版3年后）凭电影《宠儿》获得第91届奥斯卡金像奖最佳女主角奖。

间谍也会怀孕。

——奥莉薇娅·柯尔曼

奥莉薇娅·柯尔曼做保洁

梅丽尔·斯特里普（Meryl Streep）说奥莉薇娅·柯尔曼有着神赐般的才华，是她那个时代最受喜爱、最受欢迎的女演员。而奥莉薇娅·柯尔曼正在给我讲述她的重大突破。我猜想她一定会提到她饰演的第一个角色，但她说的却是她如何获得了第一份保洁工作，在演艺职业上取得成绩之前，她依赖着这份工作。“当时我还年轻，我和妈妈住在剑桥市的一家小旅馆里（我们是那里的常客，因为旅馆离爸爸住的医院很近）。一天旅馆的主人走过来对我说，她要离开这里去度周末，我看起来挺可靠，而且好像需要钱，所以她想让我负责打扫房间，运营这家小旅馆。我做了，这是一份不错的工作。”

这当然不是我预想的明星之路，但奥莉薇娅看起来对她的保洁工作充满了自豪，不亚于对表演的自豪。“我是非常好的保洁员，人们也这么说。我真的很享受这份工作。而且我非常诚实。如果有人偷偷用摄像机拍摄，他们会知道我从来不会翻抽屉。”

谦逊和自嘲是奥莉薇娅的典型特点。在我们聊天的时候，她开玩笑地说，我应该写写她在现实生活中比较瘦、比较高，确实如此，而且她非常可爱，是那种能够克敌制胜级别的可爱。面对面的时候，首先打动你的是她的亲切、温暖的笑容，有时还会冒出一些调皮的话，但你知道这完全符合她的个性。她甚至有把这种可爱带入生活的日常仪式："我有一条小规矩，至今我已经坚持了大约 20 年。只要我出门，一定要对别人做点可爱的事情才能回来。这会让你感觉很好，让你始终记得自己很幸运。"

这些随机的善行可能是在回报学校老师对她的指点。奥莉薇娅从没想过当演员，16 岁时她的英语老师说服她试演学校的戏剧，结果她非常喜欢表演。"那是我第一次体验到观众的掌声和笑声，感觉太棒了。就像第一次尝试毒品或其他类似的东西，表演就是我的'兴奋剂'。我想如果我能一直做这件事，那该多好啊！"

回想当初，她觉得这是不可能的。"我妈妈是护士，我爸爸是检验员，我觉得当演员是个愚蠢的梦，不会实现的。但是随着年龄增长，我越来越强烈地意识到我做不好其他事情，我无法依靠其他事情立足。"奥莉薇娅列举了她尝试做过的工作。"我是个糟糕的老师，有一拨孩子幸运地逃脱了管束。后来我学会了打字，但是是一个糟糕的秘书。谢天谢地，让我可以做保洁，否则我会饿死。"

和保洁工作不同，她说在表演上她没有经历重大的突破，"那是一段缓慢进步的过程。"最初 5 年很艰苦，不断试演，却得不到角色。不过她说："那些年没有工作对我来说是好事，我非常感激那段时光。我听说有些演员一开始很不顺利，他们却不知道自己有多幸运，我希望能和他们一起共事，这样我可以劝他们几句。"我完全相信她会那样做。

如今奥莉薇娅很少做保洁了。她炙手可热，导演们甚至可以为她改角色。在由约翰·勒卡雷（John le Carré）所著的同名小说改编的电视剧《夜班经理》（*The Night Manager*）中，奥莉薇娅饰演的间谍本该是男性，但制片方把角色改为了女性。奥莉薇娅高兴地发现，在试演之前她有了第3个孩子，于是他们再次改写了角色，以配合奥莉薇娅拍摄时的状态：怀孕6个月。

我说他们把角色改成女性体现了她是多么受欢迎，他们多想让她来演。像平时一样，她婉拒赞美，说这更多的是反映了社会的进步，人们不再接受所有演员都是男性。那么如何解释他们再次改写角色，以适应她未出生的孩子呢？“嗯，间谍也会怀孕。”

她一再拒绝赞美，而她两个主要的特点是亲切可爱和脚踏实地，所以她提出的建议并不会让人很吃惊。

> 如果你很幸运，在你选择去做的事情上获得了成功，不要相信别人对你的炒作和宣传，记住，这一切可能在第二天戛然停止。尽可能提升你的能力，认真对待工作，但不要太把自己当回事儿。最重要的是，做一个令人愉快的工作伙伴。

如果你需要人帮忙做家务，你知道该给谁打电话了吧。

詹姆斯·罗德斯 （James Rhodes）

英国著名钢琴家，演出风格另类、直接，同时也是一名作家。

活着，尽力活下来。

——詹姆斯·罗德斯

詹姆斯·罗德斯的忍耐

第一次听钢琴家詹姆斯·罗德斯的演奏会时，我不知道他是谁。那甚至都不能说是一次音乐活动，而是一个戏剧之夜。舞台上有一架大钢琴，随着室内灯光变暗，一个骨瘦如柴、不修边幅的男人慢吞吞地走上来，他穿着黑色牛仔裤、破旧的运动鞋，低垂着眼睛。他来到钢琴前坐下，突然倾身在琴键上，顶着一头好像刚刚从床上爬起来的乱发。我记得当时我在想，他看起来太不像钢琴家了。我猜在场的大多数观众也是这么想的。但当他演奏了几秒钟后，我们都有了不同的想法。再然后，我们被彻底迷住了，沉浸在他的演奏中，什么都不再想。

很多人说音乐改变了他们的人生，但对詹姆斯来说，音乐救了他的命。20 多岁的詹姆斯被送进了精神病医院，有人发现他用电视架空缆线做成的绳索上吊，义无反顾地想要杀死自己。就在自杀未遂之后情绪非常低落的时期，一位体贴的朋友把一个 iPod 塞进洗发水瓶里，偷偷带进病房，iPod 上下载了《哥德堡变奏曲》（*Goldberg Variations*）。这些音乐使他能暂时摆脱恶魔的纠缠，让他觉得毕竟还有一点活下去的理由。

詹姆斯试图用电缆自杀的根本原因是，在5岁到10岁期间，每周他都会被体育老师残忍地强奸，反复的暴行造成了他的脊柱和肠道损伤，也给他留下了深深的心理创伤。因此我们不仅应该庆祝他的音乐成就［被《独立报》（*The Independent*）称为“拥有诗人般的天赋”］，还应该庆祝他取得了意义更深远的成就，承受住了内心受到的攻击，坚强地活了下来。

需要说一说詹姆斯的另一个特点，那就是他很幽默风趣。当我们第一次在星巴克接上头时，我感慨在通了那么多短信和电子邮件之后，能和他本人见面真是太好了。他压低声音回应道：“拜托，伙计，小点声，别人会以为我们是通过社交软件勾搭上的。”和他聊得很畅快，不过你肯定不想让你妈妈听到他的脏话。

我告诉他那天他的演奏彻底改变了所有在场的人的看法，但他不以为然：他对自己那天的表演很不满意。他说他始终是个完美主义者。“我觉得我把那次演出搞砸了，因为我在弹一个音符时，在琴键上施加的压力多了4克，它的声音本来应该再轻一点点。”他就是用这样的强迫性和高标准来追求不可能实现的目标：完美的表演。不过他从不抱怨。“音乐能够提升生活，它没有糟糕的副作用，也不需要花大笔金钱，我很庆幸可以每天被音乐包围着。这简直好到不太真实，但它是真实的，所以我知道自己是多么幸运。”

他对古典音乐的演绎一方面非常尊重作曲者，另一方面又演绎得“无法无天”，令人耳目一新。因为有可能在皇家阿尔伯特音乐厅（Royal Albert Hall）夏季音乐节的大舞台上演奏，所以他在表演中插入了作曲家的轶事，发行的一些唱片有着坏男孩风格的名字，比如《子弹与摇篮曲》（*Bullets and Lullabies*）、《剃刀、小药片与大钢琴》（*Razor Blades，Small Pills and Big Pianos*）。他还发誓要把巴赫和贝多芬的音乐推广给大众，至死方休。

在承受着难以启齿的折磨的童年，詹姆斯把钢琴作为他的避难所。但是18岁的时候，他选择了上综合性大学，而不是音乐学院，从那之后10年没碰过钢琴。不弹钢琴的10年正是“头脑中令人发痒发痛的小魔鬼”造成最大伤害的时期，最终导致他自杀。但是治疗中听iPod的时光促使他决定重返音乐界。他给自己定的目标是成为古典钢琴演奏家的代理人，于是他和一位很受尊敬的代理人联系，希望找份工作。在面试时，代理人让他弹一段钢琴，对方听了15分钟后说，他不支持詹姆斯做代理，因为他一定会成为演奏家。接下来的故事很快就会被搬上银幕［他的自传《如乐人生》（*Instrumental*）即将被拍成电影］。

我祝贺他取得的成功，也赞叹他作为一名钢琴演奏家的自律——他早晨起床后会练习一整天，每天都如此。而他的强烈反应令我吃惊。

“那不是自律，我非常喜欢练习。按时上班、下班，支付抵押贷款，给孩子穿衣服，给他们做饭，打点他们上学才是自律的表现。才是自律，才是忍耐，那才是最被低估的隐性的英勇行为。没有回报、没有喝彩地熬过一天又一天，你恨不得用拳头猛击自己的脸，恨不得从楼上跳下去。”

从根本上看，他实现了自己的梦想，同时也不得不忍受着梦魇。

“你看，我知道我的生活看起来有多棒。我有得天独厚的条件做我想做的事情，但我想死的时候依然比想活的时候多。我知道如果不吃药，用不了几周我就还得回到精神病院的病房里。”

因为他比大多数人更了解与心魔共处的生活，所以我请他给正深受创伤的人一些建议。

> 嗯，你们可能会提各种常见的建议，比如和别人聊聊、照顾自己、寻求帮助。但是所有这些都没用，根本没用。我的建议，其实也不算什么建议，更多的是希望——我希望在你不想活的时候能幸运地活下来，因为情况会好转。活着，尽力活下来。

阿兰·德波顿 （Alain de Botton）

英国作家，代表作有《爱情笔记》《爱上浪漫》。

我们必须把鬼魂自我变成真实的人，我们要让鬼魂复活。

——阿兰·德波顿

鬼魂捕手阿兰·德波顿

在穿过希斯罗机场（Heathrow Airport）行李区时，我的思绪转向了阿兰·德波顿，一位思考日常生活的作家兼哲学家。在《机场里的小旅行》（*A Week at the Airport*）中（就像书名一样，写这本书的时候，他在希斯罗机场的T5航站楼里生活、睡觉、写作了7天多时间），他描述了当我们穿过门进入到港旅客区并偷偷地扫视一下接机人群的面孔时，我们不理性的乐观如何变成了难过。尽管我们知道没人会来接机，但依然希望有人在那儿等着我们。

这是阿兰·德波顿最擅长的事情的众多例子中的一个：一粒一粒地仔细观察人类心灵这座脆弱的沙子城堡，让我们确信我们日常感受到的万花筒般的想法和情感都是正常的，它们不会把我们变疯狂，或者至少我们和别人差不多。

我们在他位于伦敦北部的家中见了面，他的家是他的作品的实物表现。它在一条安静的街道上，位于老教堂和画家工作室之间，是在艺术世界和宗教世界之间获得暂时喘息的哲学之地，他对艺术和宗教都著述颇丰。我们坐在安静的花园房里，那是为疗愈性的探究准备的——两把舒适的椅子面对面摆放，制造出交流的氛围。旁边有一盒纸巾和一张长沙发，以防探究的问题太让人伤脑筋。一面墙的书营造了学识广博的氛围。

阿兰·德波顿是位多产的作家：创作的13本书涉及艺术、性、工作、人际关系、旅行、宗教和其他重要的生活主题。除此之外，他还制作了大量纪录片，成立了一个叫“人生学校”的学习中心，开设关于如何应对各种困境的课程。毫无疑问，阿兰·德波顿是承担着使命的哲学家：“我的目标是更有感染力的写作、更幸福的社会，但人们无论如何都不应该忘记人生从结构上看就是悲剧性的。”

他的主要观点之一是，大多数人认为政治问题和经济问题是社会中的大问题，但我们忽视了情感的重要性，因为它们“被认为不是很严肃的事情，是你在周末做一做的事情。但听起来更严肃的事情，比如经济、政治，在很大程度上关系到人类情感和人类情感机能”。

而且，“导致成瘾、关系破裂、焦虑、愤怒、沮丧，以及所有其他痛苦的问题”通常正是我们的情感自我。考虑到这些问题的范围之广，所以他很奇怪怎么会没有单独一门学科让人们能够了解“做一个很多时候情感会有一点点失控的情感生物意味着什么”。因此他一生的追求就是为我们找到引导和安慰自己的方法。

那么他始终以此为使命吗？他从早年就开始为人们指点迷津了吗？

“你看，我天生胆小，具有服从的性格，我希望从事正常的工作。我刻苦勤奋，顺从随和，与人相处融洽。但是我知道这一切都是假的，都毫无意义。我这样做只是为了取悦我要求过高的家人，做一个好孩子。可随着年龄的增长，找份管理会计或其他什么正常工作的想法越来越让我觉得心已死，这让我在大学毕业时遭遇了危机。想一想，如果我找份正常工作，那么现在会怎样呢?”

他认为社会给人施加了很大压力，以至于他们搞不清自己想要做什么，这种压力会妨碍他们发挥能力。有些幸运儿很早就知道自己想干什么，有些人满足于做一份有工资的工作，还有很多人属于第三类，他们感到“我知道有某件事情是我想干的，但我还不知道那是什么。我们的社会对这类人相当没耐心。除非你说‘我想做一件具体的事情’，否则社会就会对你施加高压，让你屈服”。

因此关于如何过更有滋养性的生活，阿兰·德波顿直接对这第三类人说：“找到让你有干劲儿的事情。这可不容易，大多数人并不了解自己。不过我们偶尔会发现一些模糊不清的信号、某种朦胧的渴望，它们来自我们的内心深处，来自鬼魂般的自我，它们不愿销声匿迹，但也不是很活跃。那个鬼魂就是我们真实的自我，它试图跑出来。留心倾听它的声音，我们必须把鬼魂自我变成真实的人，我们要让鬼魂复活。”

我问他，对那些试图追踪自己的鬼魂自我的人，他有什么建议。令人吃惊的是，他认为有助于寻找鬼魂自我的事情包括嫉妒、悲观和死亡。

“分析一下令你嫉妒的事情。我们不太可能嫉妒一个人的全部，如果进行分解，你会发现你其实只嫉妒其中某些特性，比如图形设计的能力或制作蛋糕的能力，你可以从分析的嫉妒开始，建立起理想自我的模型。”

你还需要尝试新事物，悲观的心态有助于缓解压力。“‘一切都会出问题’是一个有益的起点，使我们可以平静地对待失败。在很多次从事风险较大的事业时，我会用‘哦，算啦，本来有可能彻底失败的，但现在还可以’的想法来让自己平静下来。”

最后，死亡也是可以利用的因素，虽然不是直接利用。“我并不想吓唬人，但人生显然极其短暂，提醒自己这一点可以使我们在探寻的过程中充满动力，摆脱死气沉沉的状态。”

如果最后你依然不知道自己想干什么，也不要担心。阿兰说，这可能说明20世纪中期充满焦虑的存在主义哲学家始终是对的。他们认为包括做出如何过这一生的重大决定，我们都是在瞎蒙，我们不应该以为自己能知道正确的决定，甚至不会喜欢找到正确的决定。最后，他们只认可梭伦（Solon）的至理名言，他认为在死之前，可以说没有人是快乐的。

这些哲学家，真令人愉快。

鲁比·怀克斯 （Ruby Wax）

英国著名喜剧演员、作家。

抑郁症有可能带来羞耻感，我们责备自己，因为自己的脆弱而羞愧难当。但是你一定要宽恕你自己，允许自己抑郁。这是正常的、自然的，抑郁症患者应该团结起来。

——鲁比·怀克斯

鲁比·怀克斯的有趣心灵

“我不能停下来，甚至做剖宫产手术时我还在插科打诨。”作家兼喜剧演员鲁比·怀克斯讲述着她所感受到的必须时时风趣的压力。她不是在抱怨，只是在解释做一名职业喜剧演员的尴尬：人们期望你总是在逗乐。

鲁比曾经患有严重抑郁症的经历更加重了这种压力，考虑到现在的工作，她觉得有必要否认这个事实。对疾病的隐瞒几乎达到了不合逻辑的程度——一次她要为一个电视节目采访某人，为此她专门从她接受治疗的心理治疗中心办理了出院，然后晚上再重新住院。“当我回去时，病友看着我说，‘你疯了吗?’这是他们给予我的高度赞扬。”

她依然是一个非常幽默风趣的女士，但如今她有了另外一个更严肃的重心：努力争取更健康的心理，消除有心理问题的污名。她对此有很多了解，不仅因为她的亲身经历，也因为为了了解周期性将她淹没的疾病，她在牛津大学学习了基于正念的认知行为疗法。她下决心要彻底搞清楚抑郁症发作时到底发生了什么。

她走向这条新道路的时候并没有打算成为心理健康的典范，但她确实成了这样的典范。在伦敦各处的地铁里张贴着由喜剧救济慈善组织资助的旨在提升对心理疾病的意识的活动海报，海报上的鲁比说她曾经抑郁。一开始她很震惊：“我以为它看起来会像一张娱乐海报，不过我决定将计就计，创作了一个有关心理疾病的表演，假装所有这一切都是我有意为之。”第一次她在小修道院（The Priory）的治疗诊所中进行表演，之前她曾在那里治愈了心理崩溃。表演很受欢迎，因此她在全国其他心理健康机构中进行巡演。随后她创作了书和更多的表演，目的都是缓解焦虑问题和其他现代心理问题，为有这些问题的人提供洞见和忠告。

在电视上搞笑了 25 年之后，她说如今她宁可在心理机构的吸烟室里和病人们聊一聊，现在她把这些病人称为“我的人”。虽然在宣传心理健康问题上，很难想出谁比她做得更多，但她还没有做完。她最近的计划是开设很多憔悴者咖啡馆（Frazzled Café），就是在全英国各家 M&S 店里举行无预约的会面，“心力交瘁的人，感到孤独的人”可以在那里见面，互相支持，分享彼此的故事。

这些都很符合鲁比对待心理疾病的开放而坦率的方式：把它公开出来，聊一聊。不要默默地受苦，以为自己必须隐瞒病情。她知道解决心理问题并不容易，虽然她倡导每天练习正念（“你必须练习，只是想想是出不来 6 块腹肌的”），但对服用药物的态度也是务实的，只要药物有效，“如果你患有糖尿病，就应该注射胰岛素。”

有时她的抑郁症依然会发作，现在的改变是抑郁只持续几周，而不像过去那样持续几个月。而且现在她能够更好地注意到抑郁的发作，更好地应对它。至于她的建议，既没有低估对待心理疾病的方式的重要性，也没有夸大它。

不要因为抑郁症而感到沮丧。抑郁症有可能带来羞耻感，我们责备自己，因为自己的脆弱而羞愧难当。但是你一定要宽恕你自己，允许自己抑郁。这是正常的、自然的，是影响1/4人口的小缺点。从这些数字中获得力量，抑郁症患者应该团结起来。

萨拉－杰恩·布莱克莫尔（Sarah-Jayne Blakemore）

伦敦大学学院认知神经学教授，主攻方向为青少年大脑研究。

一个看起来在学习上毫无天资的青少年依然有可能变得出色：他们的大脑还在不断发展，今天的筛子在明天有可能变成海绵。给他们的大脑更多的时间和空间，使它们获得发展，不要催促他们。

——萨拉—杰恩·布莱克莫尔

青少年大脑专家萨拉－杰恩·布莱克莫尔

很少能遇到真正知道自己在说什么的人，而萨拉－杰恩·布莱克莫尔就是这样的人。她是伦敦大学学院的认知神经学教授，她的专业方向是青少年大脑研究，没有人比她更了解青少年的大脑。

萨拉－杰恩对青少年和他们的神经活动进行了15年的研究。她的研究非常前沿，以至于最初申请研究青少年大脑的经费时被拒绝了，因为经费审批者说目前还没有这样一个研究领域。简单来说就是，多年来没人研究过青少年的神经。萨拉－杰恩改变了这一切。

一开始引导萨拉－杰恩从事青少年大脑研究的正是天生的科学好奇心。她最初的研究领域是精神分裂症，在研究了几百个病人后，她注意到每个病人都说他们的症状最早出现在18～26岁，所以她开始对精神分裂症出现之前大脑发生了什么感兴趣。然而当她搜索有关青少年大脑的信息时，发现几乎没有这类信息，于是她决定自己去研究。

正是她的研究改变了青少年神经学方面的共识，即大脑在童年期完成发育，童年之后不会再发生什么改变。萨拉－杰恩和她同事对青少年志愿者大脑的功能性核磁共振成像研究显示，大脑在青春期会经历巨大的发展，这些发展有助于解释青春期的一些行为：冒险、同伴影响、自我意识。而且，这些适应性行为通常被认为与激素或情绪有关，具有进化上的基本作用。为了形成自我同一性，成为独立于父母的个体，青少年需要冒险，需要受同伴的影响。后续对青少年大脑的研究开始揭示出饮食障碍、焦虑、抑郁等心理健康问题背后的神经学原因，这使研究者更有可能找到正确的解决方法。

萨拉－杰恩的研究使她更能理解、同情青少年，她希望全社会也能这样做。“我的研究彻底改变了我对青少年的看法。现在我就像是他们的辩护者，因为他们受到了很多误解，我们在某种程度上忽视他们、取笑他们。在当今社会，他们是唯一一个可以被污蔑的群体，因为当我说我研究青少年大脑时，数不清有多少人会对我说，‘我不认为青少年有大脑。’然而我们不会拿这样的话说其他任何的社会群体。”

考虑到她非常了解青少年的内心生活，所以我请她为应对青春期难题的人们提供一些建议。

> 重要的是放他们一马：15 岁时他们看起来像个成年人，但他们并不拥有成年人的大脑，所以请对他们宽容一些。不要认定他们不可救药，一个看起来在学习上毫无天资的青少年依然有可能变得出色：他们的大脑还在不断发展，今天的筛子在明天有可能变成海绵。给他们的大脑更多的时间和空间，使它们获得发展，不要催促他们。他们成年后的大脑会感谢你。

劳伦斯·达拉利奥 （Lawrence Dallaglio）

前英格兰橄榄球队队长。

你是否尽了自己最大的努力？你是否为比赛做了充分的准备？我指的是做一切能做的准备。回答必须都是“是的”。

——劳伦斯·达拉利奥

和劳伦斯·达拉利奥一起赢

“没人喜欢失败。失败一点好处都没有。如果你从事像我这种水平的体育运动，你必须痛恨失败。它还会让你对自己的身体不满意。”

我不想争辩，尤其不会跟劳伦斯·达拉利奥这种块儿头的人争辩。他是前英格兰橄榄球队队长，是队里唯一一个在 2003 年橄榄球世界杯中打满全场的队员。在那次比赛中，他们获得了冠军。这个男人就是一个团队。

我们谈论着如何在你所从事的体育项目上达到卓越。由于他是英国历史上最优秀、职业生涯最长的职业橄榄球选手，因此他对这个主题很有发言权。

达拉利奥承认天赋很重要，但天赋不是主要因素，“如果你对学习新东西、对反复练习有着无法遏制的渴望，你的天赋会如虎添翼”。他也谈到了做一名职业运动员的单调乏味，你需要反复完善你的触碰、踢球、过人，十年如一日。

他很清楚对于任何人来说，赢都不容易，尤其是那些看起来赢得挺容易的人。“你不得不承受这样的痛苦。每次你走上球场，总有另一个像你一样只想赢、痛恨输的球队。他们想破坏你的所有努力，想战胜你。”

那么如何面对这种水平的比赛的压力，如何确保你的团队载誉而归呢？

达拉利奥最后解释说，胜败开始于你头脑中的想法，也结束于你头脑中的想法。如果说它与什么有关的话，那就是与自我信念有关，即怀疑和职业选手必须掌握的技术。

> 一开始你不是很有信心：我们在周日不得不和全黑队（新西兰橄榄球国家队的昵称）比赛，我们怎么可能打赢他们？但是战胜他们是你的任务，所以你不得不坐下来，设法让自己相信你能打败他们，你一定能打败他们。一开始为了树立信心，你甚至不得不对自己撒点谎。竭尽所能培养自己的信心。一旦你建立起了信心，一定要确保完全对自己诚实。你是否尽了自己最大的努力？你是否为比赛做了充分的准备？我指的是做一切能做的准备。回答必须都是“是的”。最后，你的心里必须毫无疑问，否则，你就会输。

我们知道他是多么不想输。劳伦斯·达拉利奥绝对不是失败者。

玛格丽特·巴斯比 （Margaret Busby）

英国出版社埃里森与巴斯比公司的联合创始人，也是作家、广播员、文学评论家。

如果你不在意功劳归谁，你一定会成就非凡的事业。

——哈里·杜鲁门（玛格丽特·巴斯比引用）

非洲的女儿玛格丽特·巴斯比

我正在向玛格丽特·巴斯比打探关于如何创建自己的出版公司的内幕。玛格丽特·巴斯比在20世纪60年代与人联合创办了埃里森与巴斯比公司（Allison & Busby），她也是作家、广播员兼文学评论家。“我们没有钱，不知道我们在做什么，”她谈起克莱夫·埃里森（Clive Allison）和她自己，“我们只有理想和大把的干劲儿。”

他们出版的第一本书就彰显了这些理想和干劲儿。那是一本关于黑人权利的小说，叫《坐在门口的幽灵》（*The Spook Who Sat by the Door*），讲述的是中情局里一个非洲裔的美国特工发现自己是“为了显示多样化而象征性地被招募进中情局的黑人”，他因此变得顽劣，不服管束，招募年轻的黑人“自由战士”，和政府对抗。在20世纪60年代末种族问题比较严峻的氛围中，这部小说被认为太有争议性，大西洋两岸的很多出版社都拒绝了它。但是玛格丽特看好小说的作者，认为这个故事很重要，于是借了50英镑，帮助作者在伦敦找房子住下来，和他一起修改手稿。

“完成后，我们把手稿寄给《观察家报》（*The Observer*），建议他们连载。他们把手稿寄回来，说他们没有连载过小说，即使要连载，也不会是一本像这样的黑人权利小说。我们又把手稿寄回去说‘你们错了’，于是他们最终连载了这部小说。”

在从业的50多年里，玛格丽特致力于用书面文字讲述重要的故事，为被忽视的人们代言。她的公司的使命是“做没有人做过，但我们认为应该做的事情”。除了出版各种主义、各种肤色、各个国家的作者的作品之外，她还为文学历史贡献了她的巨著《非洲的女儿》（*Daughters of Africa*）。这是一本1 000多页的文章合集，收录了200多位非洲裔女性的作品。这本书为她们被忽视、被遗忘、被低估的发言权提供了全球性的平台，因此广受好评。

她对被边缘化有着切身的体验。这种体验不仅来自她是就读于英国寄宿学校的出生于加纳的孩子，而且作为一个黑人女性，她从事着当时由白人男性主宰的出版行业。她经常会遭遇彻头彻尾的种族歧视，来到她公司的人总会以为她的商业合作伙伴白人男性埃里森是公司负责人，而她是埃里森的助理或情人，或者既是助理又是情人。“我得不到平等的对待。从银行经理到擦玻璃工，每个人都要求和我的合作伙伴谈事情，认为我只是一个黑人女孩。”

今天她依然会面对这样的臆断，只是形式不同。“只有黑人作家的书会让我来评论。我上过大学，学过英语，我知道莎士比亚，但人们只请我评论黑人文学。”她说“这不是因为人们顽固偏执，而是因为缺乏想象力”。

我问她这是否令她烦恼。“我曾对编辑说，‘你知道，我也可以评论白人作家。’然后就没人找我评论了。继续把黑人作家的作品分配给我会让他们很难堪，但他们依然不让我评论白人作家的作品。”

玛格丽特的话中没有挫败或抱怨的口气，只是坦率地讲述在白人男性的世界中，作为一名黑人女性会怎样。“如果为这类事吵架，我天天都有的吵，但有时候更好的做法是闭上嘴，继续做你的事。”

出版人和编辑之间存在着一些不明显的相似之处，他们都需要适量保持沉默。“你的工作是编辑作家的作品，如果你编辑得好，人们会说作家多么杰出；但如果作品不好，他们会说多糟糕的编辑啊。这是常有的事。”她把这类工作比作“助产士：你只是帮助作者以尽可能好的方式表达他们想表达的内容。你没法居功自傲”。

有趣的是，她主要的兴趣爱好反映了她的职业特点——确保故事被讲出来，人们的想法和心声被听到，即使没人把功劳归给她，依然乐此不疲。她匿名写了几百条她认为重要的事情的维基百科，包括人、事件、出版商、书籍和音乐。“这很重要，否则事情会过去，人会死，一切都会被永远地遗忘。这是留给未来的传统，就像种下一棵树。”

她最喜欢的两条建议与她致力于改善事物，但不问收益有关。首先她引用了哈里·杜鲁门（Harry Truman）的名言：“如果你不在意功劳归谁，你一定会成就非凡的事业。”对于一个在幕后孜孜不倦地改善多元性，应对文化艺术领域中的偏见的女性，这是非常适合的座右铭。不过她说有一句希腊谚语能够最好地体现她的人生态度：

> 当老一辈种树并不为自己能享受这片阴凉时，社会就会取得巨大的进步。

这很好地概括了她所做的事。

后来我在网上高兴地发现，有人在维基百科上为玛格丽特·巴斯比种了一棵树。

詹姆斯·柯登 （James Corden）

英国演员、歌手、主持人。

了解你擅长的事情会让你内心强大。你擅长的可能是修理管道、做桌子、开出租或其他什么事情，只要你能说“我在这件事上很在行”，你就会有自信。

——詹姆斯·柯登

詹姆斯·柯登，心怀世界的人

伦敦北部的埃尔斯特里电影制片厂（Elstree Film Studios）可能没有好莱坞的吸引力和活力，但从有利的方面来说，它有无比美味的南多烤鸡店（Nando’s）。而且在这里录制了《红粉联盟》（*A League of Their Own*）第 11 季，由英国最受欢迎的演员、演讲家、作家兼拼车倡导者詹姆斯·柯登主持。

那天下午我被领进他的化妆间。房间里的电视开着，詹姆斯坐在沙发上看他的好友安迪·穆雷打温网的半决赛，他邀请我坐下一起看。我们都被比赛深深吸引，并排坐着，脚放在咖啡桌上，偶尔评论一下比赛。过了一会儿，南多烤鸡店的外卖送到了。我这才意识到自己正在和最大的名人一起享用电视晚餐。

不得不说，詹姆斯·柯登是一起吃电视晚餐的好伴儿。他有一种说不清的特性，能让你一见到他就放松下来。他在唱歌、表演、写作、演讲甚至舞蹈上的天赋令人敬畏，但他的“好人”气场更强。你会本能地觉得他在角落里，而这次的情况是他在角落的沙发里。

随和、谦逊、有魅力也是他成为娱乐圈大咖的部分原因，所有人都想出现在他颠覆互联网的美国电视剧中。阿黛尔（Adele）在《车上卡拉 OK》里和他同乘；贾斯汀·比伯（Justin Bieber）穿着詹姆斯的衣服，和他一起出现在这个节目里；汤姆·汉克斯（Tom Hanks）在第一次节目中和詹姆斯重新演绎了他最著名的 9 个电影场景。名人们甚至为了上这个节目而放弃自己最新作品的宣传活动。

没人比詹姆斯更感谢美国的顶级三人组（Triple A-list），他们使詹姆斯变得如此受欢迎。“我不知道我做了什么，配拥有这么精彩的回忆。上周我和米歇尔·奥巴马（Michelle Obama）在白宫周围开车，我心想，‘如果我待在高威科姆（High Wycombe），这样的事永远也不会发生。’”

参加顶级三人组的一个重要因素是嘉宾觉得很安全。他们知道和詹姆斯在一起，他们不会看起来很蠢，除非他们自己想这样。“我们之间有一定程度的信任，这种信任来自我感兴趣的是让他们闪耀、让他们出类拔萃。我们总是从能带来最大乐趣的事情开始。”

创造快乐是对詹姆斯赖以为生的事业的恰当描述。在我们这些观众看来，快乐一部分来自看着詹姆斯自己热爱做节目的每一秒。“我是在演《历史系男生》（*The History Boys*）时懂得这个道理的。人们总说他们非常喜欢我们看起来欢闹快乐的样子，所以我想既然人们喜欢，那为什么不真的玩得很开心，而不只是表演出开心的样子呢?”

事实上，享受这些经历是比较容易的。“我不记得什么时候自己不想表演，老实说，就是展示某些能力。”不过高品质的成果需要严肃的职业道德。詹姆斯喜欢和杰出人士合作的原因之一是因为这有助于提升他做节目的水平。他讲述了汤姆·汉克斯如何提前一天飞过来，为第一次节目反复和他排练。“我不停地说‘非常感谢你这样做’，他说，‘詹姆斯，这是演艺业，从事演艺业就是要非常努力地工作，因为你越努力，就会越快忘记它。’我心想，‘天哪，你说得太对了。’你努力地做某事，做到非常好，你就不会再总想着它。那些日后折磨你的事情正是你没有投入全部努力的事情。”这是在生活中普遍适用的一条原则。

《加文与斯泰西》（*Gavin and Stacey*）是詹姆斯不用再牵挂的事情之一。他和联合作者露丝·琼斯（Ruth Jones）写的每一行文字都经受住了时间的检验，英国卫星电视像播放《老友记》似的反复播放《加文与斯泰西》就是证明。我对他说这部连续剧巧妙地体现了英国人所有美好的特点以及荒谬之处，如果外来物种想要了解英国，你可以让他们一边喝茶，一边观看 20 集《加文与斯泰西》。

詹姆斯委婉地谢绝了我的赞美，他说他希望这个节目超越英国，更普适。他“更喜欢有人说这是一个讲述恋爱的人的故事，因为他们的恋情，他们的家庭发生了改变，然后他们家庭的家庭也改变了，这种情况在全世界都会发生”。这段话凸显了他获得成功的另一个原因：詹姆斯创作的内容具有普遍的吸引力——《车上卡拉 OK》对伊朗、冰岛或意大利人来说都非常有趣。

詹姆斯的成功说明了这样一个事实，无论是哪儿的人，一些笑话会让他们都觉得好笑，一些故事会让他们都觉得有趣，有些人是他们都希望能出现在镜头前的人，这使他有了更广阔的全球视野。“我们的相似处远远比差异多。如果你不认为自己特属于某个国家，而是世界公民，那么很多问题会消失。例如，你首先考虑的不是如何减少移民，而是想如何让所有的国家变得更好。”

他讲了一个如何把一个世界的思想传递给他 5 岁儿子的甜蜜故事。最近他儿子问他为什么循环再利用很重要。

“我说，‘想象你发现了一个直径 7 米多的球，它不仅漂浮着，而且在慢慢地旋转。你走进它会看到许多小小的生物在上面走动。如果你看得更仔细些，会发现他们每个人都不同，每个人都很独特。他们互相拥抱，爱着彼此，创造了一些很了不起的东西。如果有人走过来说，让我们在球上倒些酸吧，让我们在这里堆些垃圾吧，球上的人会揭竿而起，决心永远保护这个球。嗯，我们的地球就是这个球。’不过我的儿子只是说：‘好吧，爸爸。我们现在可以出去玩了吗？’”

我请他分享一条他认为最好的建议。他认为找到自己的“事情”很重要。

> 了解你擅长的事情会让你内心强大。你擅长的可能是修理管道、做桌子、开出租或其他什么事情，只要你能说“我在这件事上很在行”，你就会有自信。所以我对年轻人的建议是找到你擅长的事情，不停地去做。

分享了这条建议后，他讲述了他如何找到自己擅长的事情，这如何有助于他的内心变得强大，以及在小的时候，这如何有助于他应对被欺负的情况。

“设想一下，上学时，你跑得比我快，比我强壮，你数学学得比我好，钢琴比我弹得好，但到学校演出的时候，哪儿都没你。因为知道自己擅长的事情，所以我没有感到被遗弃、被欺负。”

正是知道自己擅长一些事情的感觉让他变得勇敢无畏。最后他给我讲了去见职业顾问的经历，他们问詹姆斯长大后想干什么。“我说，‘我想做演员’。他们说，‘不，你不应该做演员，应该做点别的事情。’我坚持说，‘不，我要做演员。’我全身心投入自己的志向。只要不放弃，你永远都不会失败。”

他的付出显然获得了回报。作为观众，我们像他一样很享受他的成功。

妮古拉·斯特金 （Nicola Sturgeon）

苏格兰政治家，现任苏格兰首席部长和苏格兰民族党领袖。

支持、拥护你所信仰的东西。始终充满信念、激情，始终保持正直。不要让意识形态蒙蔽你，但要忠实于引导你的事物。用你自己的声音、自己的语言，用对你有意义且很独特的方式说出来。

——妮古拉·斯特金

勇士妮古拉·斯特金

苏格兰议会正处于夏季休会期，苏格兰首席部长妮古拉·斯特金打算前往度假地葡萄牙。首席部长很期待一段休息的时间，她装了满满一行李箱的书，这样她就可以沉浸在她最喜欢的放松方式中了，不过度假地点不是她的首选地，之所以选择葡萄牙，是因为她丈夫的家人在那里有房子。那么她的首选地是哪儿？你对她的回答应该不会吃惊：苏格兰。

妮古拉·斯特金体现了苏格兰人最重要的特点，她是政治上的勇士，命中注定要领导她所热爱的国家走向独立，至死方休。她改变了苏格兰民族党的选举地图，16 岁，还是个学生时，她就加入了苏格兰民族党，44 岁时成为这个党的领导者。2015 年她第一次竞选苏格兰民族党领导人和首席部长，带领苏格兰民族党从 59 席只占 6 席，发展为赢得了 56 席，只给托利党、劳动党、自由民主党留下 3 个席位。有史以来没有哪位政党领袖取得过这样惊人的成绩。《福布斯》评选她为英国第二有权威的女人是有道理的——仅次于女王陛下。

我问首席部长大人，如此高效的秘诀是什么？她谦逊地说她不认为自己可以独占这种评价，她说："政治不应该被视作一种职业选择。从事政治的人之所以从政，是因为他们有坚定的信念。你需要知道自己为什么从事政治，需要了解你为之服务的人，然后联系他们的生活，传递你的信念。"

妮古拉·斯特金具有这样的能力。她是非常优秀的沟通者，在沟通中她不会故作高深、使用华丽的辞藻，相反她会尽量讲得清晰透彻，人们能够感受到她真诚的热情，同时她又保持着冷静，始终凝视着听众的眼睛。当她用从容、有节制的愤怒语气称欧盟公投的结果"从民主上看是不可接受的"时（苏格兰大多数人投票英国继续留在欧盟里），没有人怀疑她是什么意思以及接下来她会做什么。用更直白的话说就是，当有些新闻媒体提出苏格兰民族党在大选中的胜利有助于她的劲敌托利党进入政府时，她的评论只有简单的两个字："胡说。"这是没有半点含糊的回应。总之，苏格兰的这位首席部长是政客中的稀有品种：她有什么说什么，坦率真诚。

我问她驱动她的信念是什么，这位首席部长颇有学识地把它总结为一个词：赋权。"如果我们被赋予权利，可以更有力地控制自己的命运，我们会更幸福。显然这关系到苏格兰，关系到我们自己做决定的权利，但它也与个人、团队有关。我们都应该被赋予塑造身边世界的权利。"

自我决定的原则在妮古拉·斯特金很小的时候就被深深地印在她的心里。"我在撒切尔夫人执政时期长大，当时苏格兰的失业率非常高。限制工业化使我所生活的社区萧条不堪，而这一决定是政府做出的，但那并不是我们投票选出来的政府，在我看来这显然是有问题的。”

正是劳动党女性国会议员走进学校，谈及自己的工作使妮古拉转向了政治道路，以此解决她所看到的社会问题和不公正。“我很感谢那位女士花时间和我们交谈，但是当时存在一种假定，那就是在苏格兰如果你想从政，你就要加入劳动党。我对抗这种假定，在苏格兰民族党中找到了自己的归宿。”这个决定对苏格兰民族党非常有利，对劳动党来说则是灾难性的。

从长远来看，妮古拉·斯特金能否实现她一生所愿，能否实现苏格兰民族党的目标，即苏格兰独立，我们还需拭目以待。然而没有人比她更投入，比她准备得更好。无论你的政治观点是什么，你都会敬重她，因为她的能力、她的干劲儿，最重要的是因为她的勇气和对信念的始终如一。她在践行着自己的建议。

支持、拥护你所信仰的东西。始终充满信念、激情，始终保持正直。不要让意识形态蒙蔽你，但要忠实于引导你的事物。用你自己的声音、自己的语言，用对你有意义且很独特的方式说出来。

致谢

写作一直被认为是踽踽独行，但这本书绝对是团队合作的结果。最要感谢的是主教练兼出版人杰米·巴达·宾（Jamie Bada Byng），他充满了活力，足以激励西伦敦的所有人，且大部分时间他似乎就是这样做的。他的话语总是充满激情、洞见和鼓舞，为人们带来机会和成功。在这方面，没人能和他比。如果你早餐想吃鸡翅，他也是那种你可以打电话拜托他的人。

我的代理人托尼·托平（Tony Topping）颇有预见性，他博学多才，你从他那儿总能得到明智的建议。而且他的言语很直白，这提醒了我写这本书的基本原则，尤其是当我真的要写了。

非常感谢索菲·萨克利夫（Sophie Sutcliffe），她虽然身怀六甲，但依然忙着打电话、收发邮件，为我们带来了一些非常棒的参与者。感谢小波佩跟着妈妈一起忙碌。

弗朗西斯卡·赞皮（Francesca Zampi）曾经与我同甘共苦，是我的患难之交。她从一开始就给了我极大的鼓励，并提供了她的通讯录。同样地，金·查普尔（Kim Chappell）非常善于沟通，能够营造很好的氛围，是你愿意一起喝茶的人。从任何意义上来说，露西·麦金太尔（Lucy McIntyre）都是一个明星，她使纽约向我们敞开大门。莉齐·鲍尔（Lizzie Ball）、尼克·克莱格（Nick Clegg）和阿兰·德波顿也对我非常好，他们帮我认识了很多和他们一样了不起的人。

坎农格特（Canongate）的团队是一群非常专业、有趣、聪明的人，这使我们的合作很令人愉快。我要特别感谢乔·丁利（Jo Dingley），他是一位耐心的领导者，将大家凝聚在了一起。还要感谢拉菲·罗马耶（Rafi Romaya）的艺术眼光，感谢安娜·弗雷姆（Anna Frame）和珍妮·弗莱（Jenny Fry）为我们打造声誉，感谢拉腊·加尔代利尼（Lara Gardellini）的支持，感谢珍妮·托德（Jenny Todd）在我们最需要的时候帮我们进行整理。

正如各位亲眼所见，塞缪尔·克尔是一位才华出众的艺术家，他的肖像画成就了这本书。

还有一些我从未谋面的幕后工作者，但我由衷地感谢他们：誊写员们，尤其是首要誊写员卡姆萨·克罗（Callum Crowe），还有随叫随到的首席文字编辑德布斯·华纳（Debs Warner）。

当然，我要特别感谢每一位付出时间，提供他们的故事和建议的人。

就提供建议的数量来说，我要无条件地感谢我的妈妈和爸爸。尽管我遇到过很多非常睿智的人，但他们依然在为我提供最好的建议。感谢纳迪娅（Nadia）和贝·罗斯（Bay Rose），他们是听从我父母的建议的结果，也是我一生等候的人。

作者介绍

❖

理查德·里德在开始从事广告业之前，曾在剑桥大学圣约翰学院研究地理。几年后，他和两个朋友辞职，成立了天真饮料公司（Innocent Drinks）。一开始这个公司只是一个市场里的摊位，如今它在欧洲 17 个国家每天生产 100 多万杯奶昔。里德还创立了无处不在的艺术（Art Everywhere），又与其他人联合创立了天真基金会（Innocent Foundation）和贾姆扎投资公司（JamJar Investments）。他还上了三期 BBC 的《自己做老板》（Be Your Own Boss）节目。这是他的第一本书。

塞缪尔·克尔采用的是一种漂泊不定的工作方式，他在不同的流程之间转换，寻找新颖的表达方法。他的工作范畴囊括肖像绘制、印刷品设计、艺术指导和品牌标识，涉及的行业有编辑出版、时尚和食品饮料。塞缪尔在去英国旅行的路上创作了这本书里的肖像，充分体现了他漂泊不定的工作方式。

扫 码 关 注

从中国看世界 把时间变成历史

图书策划 中信出版·墨菲

策划编辑 丰 虹

责任编辑 丰 虹

营销编辑 陈 晨

封面设计 红杉林文化

出版发行 中信出版集团股份有限公司

服务热线：400-600-8099 网上订购：zxcbs.tmall.com

官方微博：weibo.com/citicpub 官方微信：中信出版集团

官方网站：www.press.citic